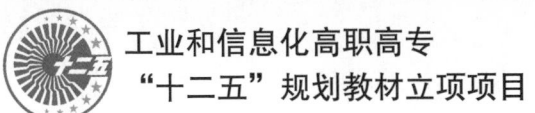

工业和信息化高职高专
"十二五"规划教材立项项目

高等职业院校
机电类"十二五"规划教材

电气控制技术及应用

Electrical Control
and Application

◎ 华满香 李庆梅 主编

◎ 凌志学 副主编

人民邮电出版社
北京

精品系列

图书在版编目（ＣＩＰ）数据

电气控制技术及应用 / 华满香，李庆梅主编. -- 北京：人民邮电出版社，2012.5（2022.1重印）
高等职业院校机电类"十二五"规划教材
ISBN 978-7-115-27618-6

Ⅰ. ①电… Ⅱ. ①华… ②李… Ⅲ. ①电气控制—高等职业教育—教材 Ⅳ. ①TM921.5

中国版本图书馆CIP数据核字(2012)第038219号

内 容 提 要

本书是工作过程导向教学的特色教材，每个项目都以实际工程案例引入，由浅入深地讲述相关理论知识和实际应用案例。各个项目都有习题作为引导，有项目任务书、相关知识讲解，同时对每个项目都进行实施和评估。全书通过 6 个实际应用案例系统地讲述了接触器、继电器等常用低压电器的结构、原理、符号、型号及其选择，讲述了电动机正反转、自动往返、Y-△降压启动、双速电机、电气制动等典型电气控制线路的组成、原理及安装调试，同时对 Z3050 钻床、X62W 型万能铣床、M7130 型平面磨床、T68 卧式镗床的电气控制线路进行了原理分析和常见故障排除，分析了凸轮控制器控制的桥式起重机控制线路原理；最后介绍了机床电气线路故障的检查方法，通过对电镀生产线的电气控制、C5112B 立式车床的电气控制分析，讲述了电气综合控制系统分析和设计方法。

本书可作为高等职业技术学院、高等专科学校、职工大学的相关专业课程，如电气自动化技术、电机与电气、机电一体化、数控技术与应用、应用电子类等专业的教材，也可供工程技术人员参考使用。

- ◆ 主　　编　华满香　李庆梅
　　副 主 编　凌志学
　　责任编辑　李育民
- ◆ 人民邮电出版社出版发行　　北京市丰台区成寿寺路 11 号
　　邮编　100164　电子邮件　315@ptpress.com.cn
　　网址　https://www.ptpress.com.cn
　　涿州市京南印刷厂印刷
- ◆ 开本：787×1092　1/16
　　印张：9.25　　　　　　　　2012 年 5 月第 1 版
　　字数：205 千字　　　　　　2022 年 1 月河北第 9 次印刷

ISBN 978-7-115-27618-6

定价：22.00 元

读者服务热线：**(010)81055256** 印装质量热线：**(010)81055316**
反盗版热线：**(010)81055315**

Forward
第2版
前 言

本书是根据学生毕业所从事职业的实际需要，确定学生应具备的知识能力结构，将理论知识和应用技能整合在一起，而形成的以就业为导向的项目式教材。

本书采用模块化的结构，利用按照工作过程导向的形式编写，内容紧密联系专业工程实际，将知识点贯穿于项目中。每个项目都以实际工程案例引入，由习题作为引导，同时对每个项目都进行实施和评估。

全书在内容的安排上，力求理论简明扼要，难易适中，加强实践内容，突出针对性、实用性和先进性。全书内容尽可能多地利用图片或现场照片，做到图文并茂，以增强直观效果。

本书的各个项目选自生产现场，每个项目的编写完整，各个低压电器知识都有器件的作用、结构原理、符号型号和选用原则；对电气控制线路分析，不仅有线路的作用、结构原理分析，还有常见的电气线路故障排除。对于机床线路，不但分析了其电气线路的原理和故障排除，还介绍了机床的结构、作用加工等机械方面的相关知识。

全书共分6个项目：项目一电动机正反转的电气控制，项目二送料小车自动往返的电气控制，项目三X62W型万能铣床电气控制线路，项目四卧式镗床电气控制线路，项目五桥式起重机电气控制线路，项目六电气综合控制系统。通过这6个实际应用案例系统地讲述了接触器与继电器等常用低压电器的结构、原理、符号、型号及其选用原则；讲述了电动机正反转、自动往返、Y-△降压启动、双速电机、电气制动等典型电气控制线路的组成、原理及安装调试；对Z3050钻床、X62W型万能铣床、M7130型、T68卧式镗床的电气控制线路进行了原理分析和常见故障排除，分析了凸轮控制器控制的桥式起重机控制线路原理；最后介绍了机床电气线路故障的检查方法，通过对电镀生产线的电气控制、C5112B立式车床的电气控制分析，讲述了电气综合控制系统及其设计方法。

本书建议总课时为84课时（包括实训内容），具体课时分配如下。

项目	项目内容	理论课时	实训课时
项目一	电动机正反转的电气控制	14	4
项目二	送料小车自动往返的电气控制	10	4
项目三	X62W 型万能铣床电气控制线路	14	4
项目四	卧式镗床电气控制线路	10	2
项目五	桥式起重机电气控制线路	8	4
项目六	电气综合控制系统	8	2
小计		64	20
总计		84	

　　本书由湖南铁道职业技术学院华满香和李庆梅任主编，凌志学任副主编，王玺珍参编。其中，项目三和项目五由华满香编写，项目一和项目四由李庆梅编写，项目二由王玺珍编写，项目六由李庆梅、凌志学和黄河水利职业技术学院连萌编写。

　　本书在编写过程中，参阅了许多同行专家们的论著文献，在此表示真诚的感谢。由于编者的学识水平和实践经验有限，书中疏漏之处在所难免，敬请使用本书的读者批评指正。

编　者

2012 年 2 月

表1   PPT 课件

素 材 类 型	功 能 描 述
PPT 课件	供老师上课用

表2   动画

序号	名 称	序号	名 称
1	水箱水位的 PID 控制	18	熔断器、行程开关、低压断路器的工作原理
2	S7-200 系列 PLC 的工作原理	19	三相异步电动机的铭牌
3	电动机的正反转控制	20	三相异步电动机制动控制
4	电气控制器件（2）	21	位置控制电路
5	Y—△形降压启动控制电路	22	自动往返控制电路
6	按钮、刀开关、接触器、中间继电器、热继电器的工作原理	23	三相异步电动机解压启动控制电路
7	三相异步电动机的工作原理	24	变压器的工作原理
8	电气控制器件——按钮、刀开关、接触器、中间继电器、热继电器	25	变压器的基本结构
9	三相异步电动机的结构	26	时间继电器、电流继电器、电压继电器、速度继电器
10	绕线转子异步电动机转子串频敏变阻器启动控制	27	电动机的点动控制
11	电气控制器件	28	电动机的连续运行控制
12	单流程控制	29	时间继电器、电流继电器、电压继电器、速度继电器的工作原理
13	并行流程和选择流程控制	30	几种常见的变压器
14	变频器构造	31	时间控制
15	绕线转子异步电动机	32	行程控制
16	广告牌循环彩灯的 PLC 控制	33	双速异步电动机、转换开关和电磁离合器的工作原理
17	三相异步电动机的连接		

Content

目录

项目一

| 电动机正反转的电气控制 |

【学习目标】

1. 熟悉按钮、刀开关、接触器、中间继电器、热继电器、熔断器等低压电器的结构、工作原理、型号、规格、正确选择及其在控制线路的作用。
2. 能识读相关电气原理图、安装图。
3. 掌握交流电动机的点动及连续控制线路。
4. 会安装调试交流电动机正反转控制线路及联锁控制线路。
5. 能分析相关控制线路的电气原理及掌握电气控制线路中的保护措施。
6. 了解电力拖动控制线路常见故障及其排除方法。
7. 具有环境保护意识；具有良好的职业道德，做到安全文明生产。
8. 能够进行独立学习、团队协作，具备自信心、社会责任心。

| 项目引入 |

三相异步电动机正反转控制线路的安装调试试车。

一、任务描述

工农业生产中，生产机械的运动部件往往要求实现正反两个方向运动，这就要求拖动电动机能正反向旋转。例如在铣床加工中工作台的左右、前后和上下运动，起重机的上升与下降等，均可以采用机械控制、电气控制或机械电气混合控制的方法来实现，当采用电气控制的方法实现时，则要求电动机能实现正反转控制。从电机原理可知，改变电动机三相电源的相序即可改变电动机的旋转方向，而改变三相电源的相序只需任意调换电源的两根进线，如图 1-1 所示。

按下启动按钮 SB2，电动机正转；按下停止按钮 SB1，电动机停止；按下反转启动按钮 SB3，电动机反转。

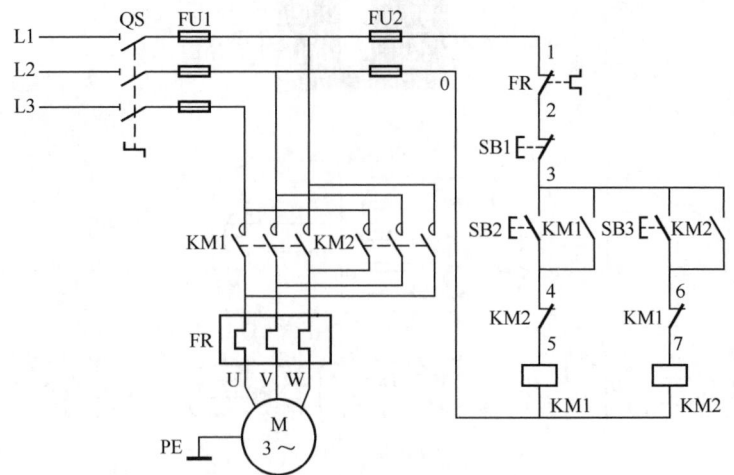

图1-1　电动机正反转控制电路图

二、控制要求

1. 根据电动机正反转控制线路的主电路、控制电路设计出元件布置图。

2. 对异步电动机正反转控制线路进行安装调试。

3. 有短路、过载等完善的保护。

4. 三相异步电动机 J02-42-4，具体参数为 5.5kW、380V、Y 接法、11A、1440r/min 选择电器元件，并列出元件清单。

本项目涉及的低压电器有刀开关、熔断器、按钮开关、交流接触器、热继电器和电气识图及制图标准，电动机的点动、连续控制及正反转控制电路等内容。

| 相关知识 |

一、电气控制器件

（一）按钮、刀开关

1. 按钮

按钮开关是一种用人力（一般为手指或手掌）操作，并具有储能（弹簧）复位的一种控制开关。按钮的触点允许通过的电流较小，一般不超过 5A，因此一般情况下它不直接控制主电路，而是在控制电路中发出指令或信号去控制接触器、继电器等电器，再由它们去控制主电路的通断、功能转换或电气联锁等。

（1）结构。按钮开关一般由按钮帽、复位弹簧、桥式动触点、动合静触点、支柱连杆及外壳等部分组成，按钮的外形、结构与符号如图 1-2 所示。图中按钮是一个复合按钮，工作时常开和常闭触点是联动的，当按钮被按下时，常闭触点先动作，常开触点随后动作；而松开按钮时，常开触点先复位，常闭触点再复位，也就是说两种触点在改变工作状态时，先后有个时间差，尽管这个时间差很短，但在分析线路控制过程时应特别注意。

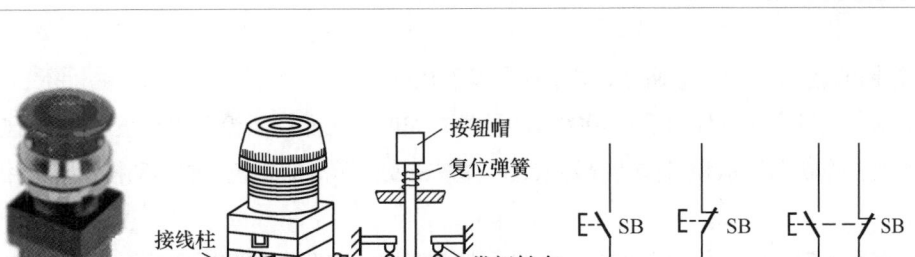

图1-2　按钮开关的外形、结构与符号

（2）型号。按钮型号说明如下。

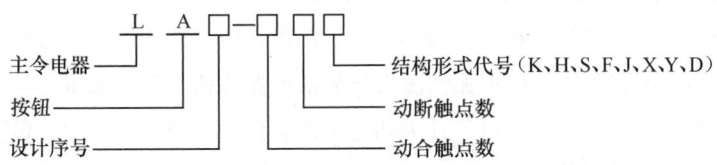

其中结构形式代号的含义为：K——开启式，适用于嵌装在操作面板上；H——保护式，带保护外壳，可防止内部零件受机械损伤或人偶然触及带电部分；S——防水式，具有密封外壳，可防止雨水侵入；F——防腐式，能防止腐蚀性气体进入；J——紧急式，作紧急切断电源用；X——旋钮式，用旋钮旋转进行操作，有通和断两个位置；Y——钥匙操作式，用钥匙插入进行操作，可防止误操作或供专人操作；D——光标按钮，按钮内装有信号灯，兼作信号指示。

按钮开关的结构型式有多种，适合于以下各种场合。为了便于操作人员识别，避免发生误操作，生产中用不同的颜色和符号标志来区分按钮的功能及作用。紧急式——装有红色突出在外的蘑菇形钮帽，以便紧急操作；旋钮式——用手旋转进行操作；指示灯式——在透明的按钮内装入信号灯，以作信号指示；钥匙式——为使用安全起见，须用钥匙插入方可旋转操作。按钮的颜色有红、绿、黑、黄、白、蓝等种，供不同场合选用。一般以红色表示停止按钮，绿色表示启动按钮。常见按钮外形如图1-3所示。

图1-3　几种常用按钮外形图

（3）按钮的选用。按钮选择的基本原则有以下几点。

① 根据使用场合和具体用途选择按钮的种类，如嵌装在操作面板上的按钮可选用开启式。

② 根据工作状态指示和工作情况要求，选择按钮或指示灯的颜色，如启动按钮可选用绿色、白色或黑色。

③ 根据控制回路的需要选择按钮的数量，如单联钮、双联钮和三联钮等。

2. 刀开关

刀开关又称闸刀开关，是一种结构最简单、应用最广泛的手动电器。在低压电路中，作为不频繁接通和分断电路用，或用来将电路与电源隔离。

图 1-4 所示为刀开关的典型结构。它由操作手柄、触刀、静插座和绝缘底板组成。推动手柄来实现触刀插入插座与脱离插座的控制，以达到接通电路和分断电路的要求。

刀开关的种类很多，按刀的极数可分为单极、双极和三极，其图形表示符号如图 1-5 所示；按刀的转换方向可分为单掷和双掷；按灭弧情况可分为带灭弧罩和不带灭弧罩；按接线方式可分为板前接线式和板后接线式。下面只介绍由刀开关和熔断器组合而成的负荷开关，负荷开关分为开启式负荷开关和封闭式负荷开关两种。

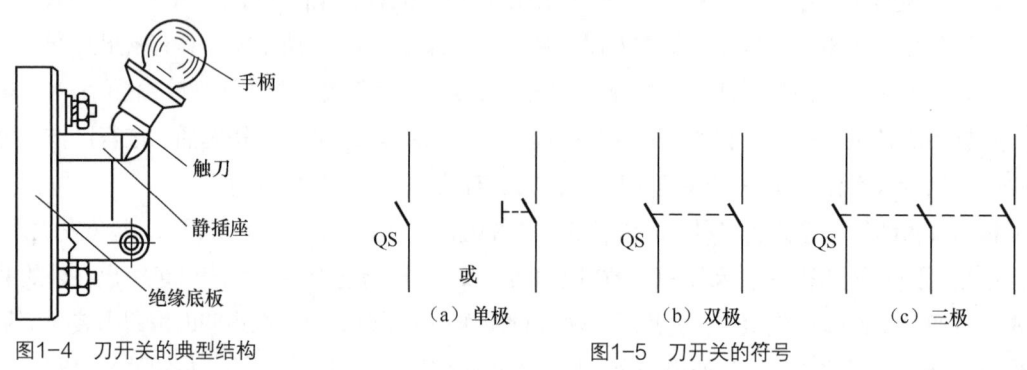

图1-4 刀开关的典型结构   图1-5 刀开关的符号

（1）开启式负荷开关。开启式负荷开关又称为瓷底胶盖刀开关，简称闸刀开关。生产中常用的是 HK 系列开启式负荷开关，适用于照明和小容量电动机控制线路中，供手动不频繁地接通和分断电路，并起短路保护作用。

开启式负荷开关在电路图中的结构及符号如图 1-6 所示。

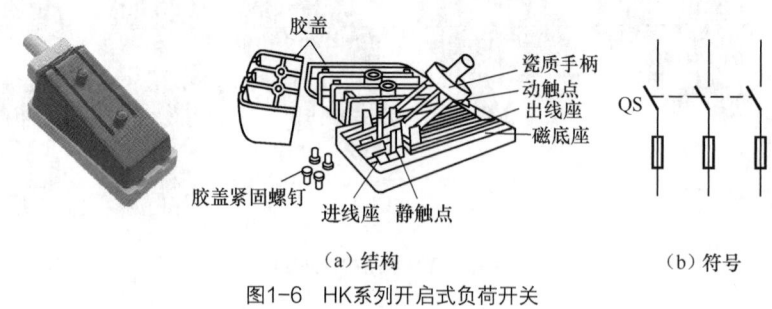

图1-6 HK系列开启式负荷开关

其型号含义说明如下。

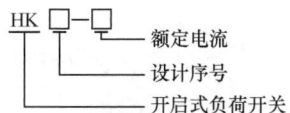

（2）封闭式负荷开关。封闭式负荷开关是在开启式负荷开关的基础上改进设计的一种开关，可用于手动不频繁地接通和断开带负载的电路，以及作为线路末端的短路保护；也可用于控制 15kW 以下的交流电动机不频繁地直接启动和停止。

常用的封闭式负荷开关有 HH3、HH4 系列，其中 HH4 系列为全国统一设计产品，它的结构如图 1-7 所示。它主要由触及灭弧系统、熔断器及操作机构等 3 部分组成。3 把动触刀固定在一根绝缘方轴上，由手柄完成分、合闸的操作。在操作机构中，手柄转轴与底座之间装有速动弹簧，使刀开关的接通与断开速度与手柄操作速度无关。封闭式负荷开关的操作机构有两个特点：一是采用了储能合闸方式，利用一根弹簧使开关的分合速度与手柄操作速度无关，这既能改善开关的灭弧性能，又能防止触点停滞在中间位置，从而提高

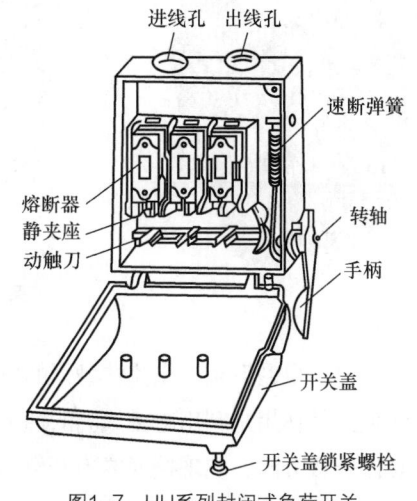

图1-7　HH系列封闭式负荷开关

开关的通断能力，延长其使用寿命；二是操作机构上装有机械联锁，它可以保证开关合闸时不能打开防护铁盖，而当打开防护铁盖时，不能将开关合闸。

封闭式负荷开关在电路图中的符号与开启式负荷开关的相同。

其型号含义说明如下。

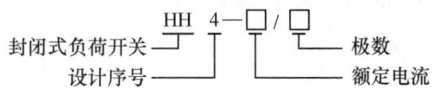

（3）刀开关的选用及安装注意事项。

① 选用刀开关时首先根据刀开关的用途和安装位置选择合适的型号和操作方式，然后根据控制对象的类型和大小，计算出相应负载电流的大小，选择相应级额定电流的刀开关。

② 刀开关在安装时必须垂直安装，使闭合操作时的手柄操作方向应从下向上合，不允许平装或倒装，以防误合闸；电源进线应接在静触点一边的进线座，负载接在动触点一边的出线座；在进行分闸和合闸操作时，应动作迅速，使电弧尽快熄灭。

（二）接触器

接触器是一种能频繁地接通和断开远距离用电设备主回路及其他大容量用电回路的自动控制电路，它分交流和直流两类，它的控制对象主要是电动机、电热设备、电焊机及电容器组等。

1. 交流接触器的结构、原理

交流接触器主要由电磁系统、触点系统、灭弧装置及辅助部件等组成。CJ10—20 型交流接触器

的结构和工作原理如图 1-8 所示。

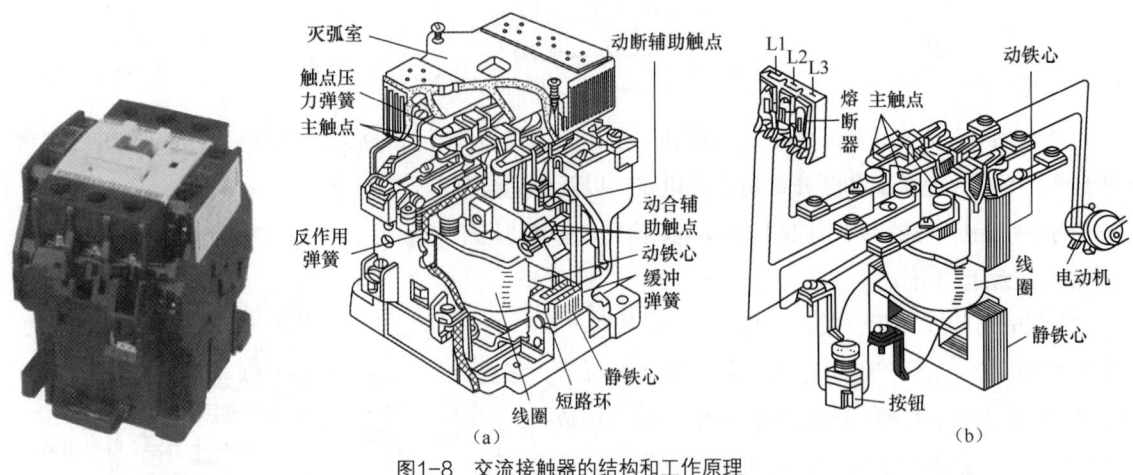

图1-8　交流接触器的结构和工作原理

（1）电磁系统。交流接触器的电磁系统主要由线圈、铁心（静铁心）和衔铁（动铁心）3 部分组成。其作用是利用电磁线圈的通电或断电，使衔铁和静铁心吸合或释放，从而带动动触点与静触点闭合或分断，实现接通或断开电路的目的。

交流接触器在运行过程中，线圈中通入的交流电在铁心中产生交变的磁通，因此铁心与衔铁间的吸力也是变化的。这会使衔铁产生振动，发出噪声。为消除这一现象，在交流接触器铁心和衔铁的两个不同端部各开一个槽，槽内嵌装一个用铜、康铜或镍铬合金材料制成的短路环，又称减振环或分磁环，如图 1-9（a）所示。铁心装短路环后，当线圈通以交流电时，线圈电流产生磁通 Φ_1，Φ_1 一部分穿过短路环，在环中产生感应电流，进而产生一个磁通 Φ_2，由电磁感应定律知，Φ_1 和 Φ_2 的相位不同，即 Φ_1 和 Φ_2 不同时为零，则由 Φ_1 和 Φ_2 产生的电磁吸力 F_1 和 F_2 不同时为零，如图 1-9（b）所示。这就保证了铁心与衔铁在任何时刻都有吸力，衔铁将始终被吸住，振动和噪声会显著减小。

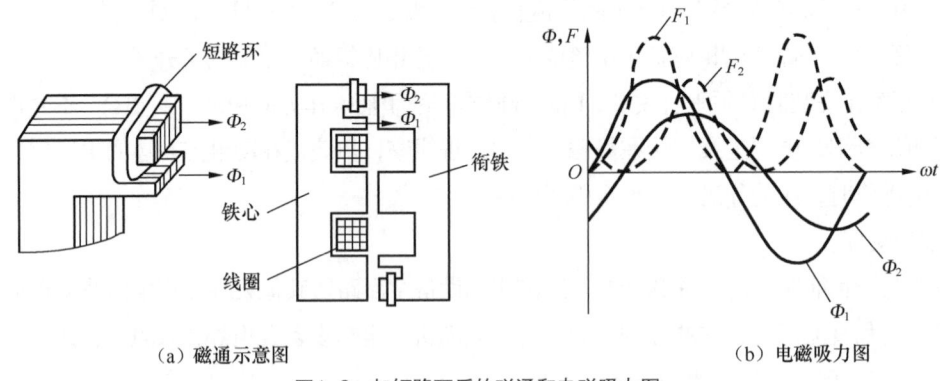

（a）磁通示意图　　　　　　　　　　　（b）电磁吸力图

图1-9　加短路环后的磁通和电磁吸力图

（2）触点系统。触点系统包括主触点和辅助触点，主触点用以控制电流较大的主电路，一般由3对接触面较大的常开触点组成。辅助触点用于控制电流较小的控制电路，一般由两对常开和两对常闭触点组成。触点的常开和常闭，是指电磁系统没有通电动作时触点的状态，因此常闭触点和常开触点有时又分别被称为动断触点和动合触点。工作时常开和常闭触点是联动的，当线圈通电时，常闭触点先断开，常开触点随后闭合；而线圈断电时，常开触点先恢复断开，随后常闭触点恢复闭合，也就是说两种触点在改变工作状态时，先后有个时间差，尽管这个时间差很短，但在分析线路控制过程时应特别注意。

触点按接触情况可分为点接触式、线接触式和面接触式3种，分别如图1-10（a）、（b）和（c）所示。按触点的结构形式划分，有桥式触点和指形触点两种，如图1-11所示。

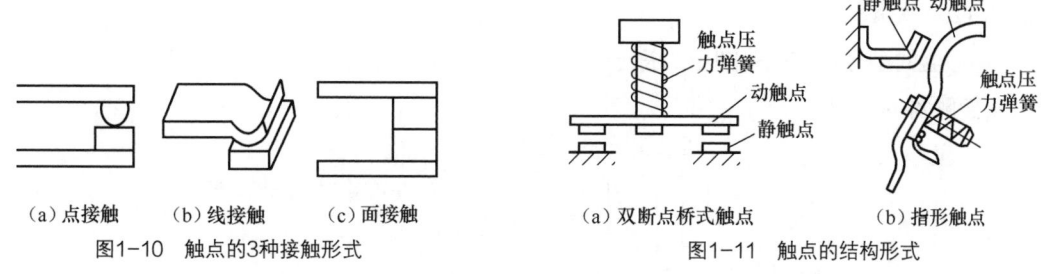

（a）点接触　　（b）线接触　　（c）面接触

图1-10　触点的3种接触形式

（a）双断点桥式触点　　（b）指形触点

图1-11　触点的结构形式

CJ10系列交流接触器的触点一般采用双断点桥式触点。

（3）灭弧装置。交流接触器在断开大电流或高电压电路时，在动、静触点之间会产生很强的电弧。电弧的产生，一方面会灼伤触点，减少触点的使用寿命；另一方面会使电路切断时间延长，甚至造成弧光短路或引起火灾事故。容量在10A以上的接触器中都装有灭弧装置。在交流接触器中常用的灭弧方法有双断口电动力灭弧、纵缝灭弧、栅片灭弧等；直流接触器因直流电弧不存在自然过零点熄灭特性，因此只能靠拉长电弧和冷却电弧来灭弧，一般采取磁吹式灭弧装置来灭弧。

（4）辅助部件。交流接触器的辅助部件有反作用弹簧、缓冲弹簧、触点压力弹簧、传动机构及底座、接线柱等。反作用弹簧的作用是线圈断电后，推动衔铁释放，使各触点恢复原状态。缓冲弹簧的作用是缓冲衔铁在吸合时对静铁心和外壳的冲击力。触点压力弹簧作用是增加动、静触点间的压力，从而增大接触面积，以减小接触电阻。传动机构的作用是在衔铁或反作用弹簧的作用下，带动动触点实现与静触点的接通或分断。

2. 接触器的主要技术参数

（1）额定电压。接触器铭牌额定电压是指主触点上的额定电压。常用的电压等级如下。

直流接触器：110V，220V，440V，660V等挡次。

交流接触器：127V，220V，380V，500V等挡次。

如某负载是380V的三相感应电动机，则应选380V的交流接触器。

（2）额定电流。接触器铭牌额定电流是指主触点的额定电流。常用的电流等级如下。

直流接触器：25A，40A，60A，100A，250A，400A，600A。

交流接触器：5A，10A，20A，40A，60A，100A，150A，250A，400A，600A。

（3）线圈的额定电压。常用的电压等级如下。

直流线圈：24V，48V，220V，440V。

交流线圈：36V，127V，220V，380V。

（4）动作值。动作值是指接触器的吸合电压与释放电压。原部颁标准规定接触器在额定电压85%以上时，应可靠吸合，释放电压不高于额定电压的70%。

（5）接通与分断能力。接通与分断能力是指接触器的主触点在规定的条件下能可靠地接通和分断的电流值，而不应该发生熔焊、飞弧和过分磨损等。

（6）额定操作频率。额定操作频率指每小时接通次数。交流接触器最高为600次/h；直流接触器可高达1200次/h。

3．接触器的型号及在电路图中的符号

（1）接触器的型号。

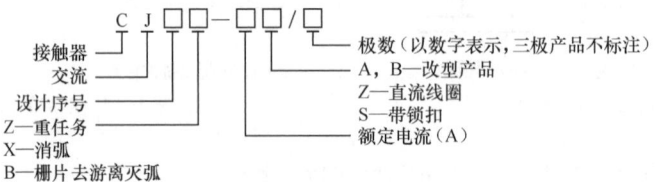

例如：CJ12T-250，该型号的意义为 CJ12T 系列接触器，额定电流为 250A，主触点为三级。CZ0-100/20 表示 CZ0 系列直流接触器，额定电流为100A，双极常开主触点。

（2）交流接触器在电路图中的符号如图 1-12所示。

4．接触器的选用

（1）根据控制对象所用电源类型选择接触器

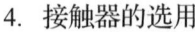

（a）线圈　（b）主触点　（c）动合辅助触点　（d）动断辅助触点
图1-12　接触器的符号

类型，一般交流负载用交流接触器，直流负载用直流接触器，当直流负载容量较小时，也可选用交流接触器，但交流接触器的额定电流应适当选大一些。

（2）所选接触器主触点的额定电压应大于或等于控制线路的额定电压。

（3）应根据控制对象类型和使用场合，合理选择接触器主触点的额定电流。控制电阻性负载时，主触点的额定电流应等于负载的额定电流。控制电动机时，主触点的额定电流应大于或稍大于电动机的额定电流。当接触器使用在频繁启动、制动及正反转的场合时，应将主触点的额定电流降低一个等级使用。

（4）选择接触器线圈的电压。当控制线路简单，使用电器较少时，应根据电源等级选用 380V或 220V 的电压。当线路复杂，从人身和设备安全角度考虑，可选择 36V 或 110V 电压的线图，此时增加相应变压器设备。

（5）根据控制线路的要求，合理选择接触器的触点数量及类型。

（三）中间继电器

中间继电器实质上是一个电压线圈继电器，是用来增加控制电路中的信号数量或将信号放大的继电器。其输入信号是线圈的通电和断电，输出信号是触点的动作。它具有触点多，触点容量大，动作灵敏等特点。由于触点的数量较多，所以用来控制多个元件或回路。

1. 结构及工作原理及选择

中间继电器的结构及工作原理与接触器基本相同，但中间继电器的触点对数多，且没有主辅之分，各对触点允许通过的电流大小相同，多数为5A。因此，对于工作电流小于5A的电气控制线路，可用中间继电器代替接触器实施控制。JZ7系列为交流中间继电器，其结构如图1-13（a）所示。

JZ7系列中间继电器采用立体布置，由铁心、衔铁、线圈、触点系统、反作用弹簧和缓冲弹簧等组成。触点采用双断点桥式结构，上下两层各有4对触点，下层触点只能是动合触点，故触点系统可按8动合触点、6动合触点、2动断触点及4动合触点、4动断触点组合。继电器吸引线圈额定电压有12V、36V、110V、220V、380V等。

JZ14系列中间继电器有交流操作和直流操作两种，该系列继电器带有透明外罩，可防止尘埃进入内部而影响工作的可靠性。

中间继电器的选用主要依据被控制电路的电压等级、所需触点的数量、种类和容量等要求来进行。

2. 型号

中间继电器的型号如下。

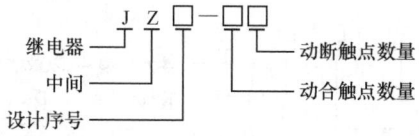

中间继电器在电路图中的符号如图1-13（b）所示。

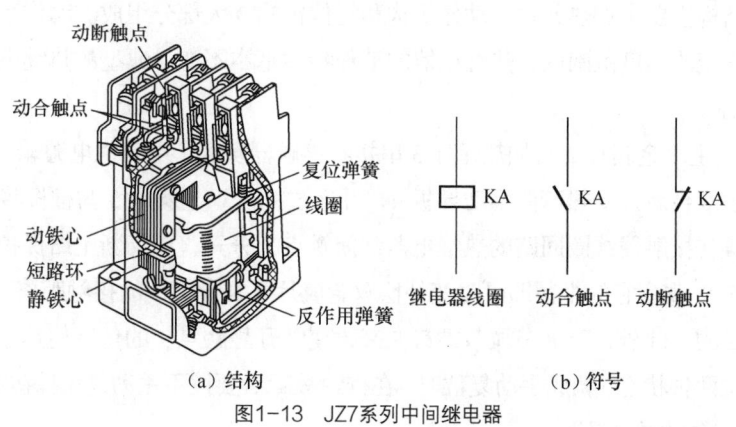

（a）结构　　　　　　　　　　（b）符号

图1-13　JZ7系列中间继电器

（四）热继电器

热继电器是利用流过继电器的电流所产生的热效应而反时限动作的继电器。所谓反时限动作，是指热继电器动作时间随电流的增大而减小的性能。热继电器主要用于电动机的过载、断相、三相电流不平衡运行的保护及其他电气设备发热状态的控制。

1. 热继电器分类和型号

热继电器的形式有多种，其中双金属片式热继电器应用最多。按极数划分，热继电器可分为单极、两极和三极 3 种，其中三极的又包括带断相保护装置的和不带断相保护装置的；按复位方式分，有自动复位式（触点动作后能自动返回原来位置）和手动复位式。目前常用的热继器产品系列有国产的 JR16、JR20 等系列，以及国外的 T 系列和 3UA 等系列产品。

常用的 JS20、JRS1 系列和 JR20 系列热继电器的型号及含义说明如下。

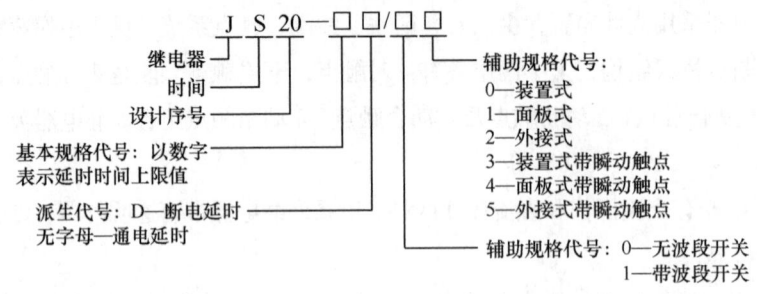

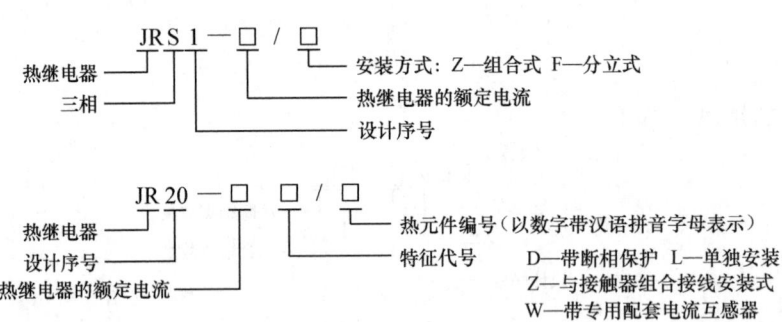

2. 工作原理

热继电器的结构主要由加热元件、动作机构和复位机构 3 大部分组成。动作系统常设有温度补偿装置，保证在一定的温度范围内，热继电器的动作特性基本不变。典型的热继电器结构、图形及符号如图 1-14 所示。

在图 1-14 中，主双金属片 2 与加热元件 3 串接在接触器负载（电动机电源端）的主回路中，当电动机过载时，主双金属片受热弯曲推动导板 4，并通过补偿双金属片 5 与推杆将动触点 9 和常闭静触点 6（即串接在接触器线圈回路的热继电器常闭触点）分开，以切断电路保护电动机。调节旋钮 11 是一个偏心轮，改变它的半径即可改变补偿双金属片 5 与导板 4 的接触距离，从而达到调节整定动作电流值的目的。此外，靠调节调节螺钉 8 来改变常开静触点 7 的位置使热继电器能动作在自动复位或手动复位两种状态。调成手动复位时，在排除故障后要按下手动复位按钮 10 才能使动触点 9 恢复到与静触点 6 接触的位置。

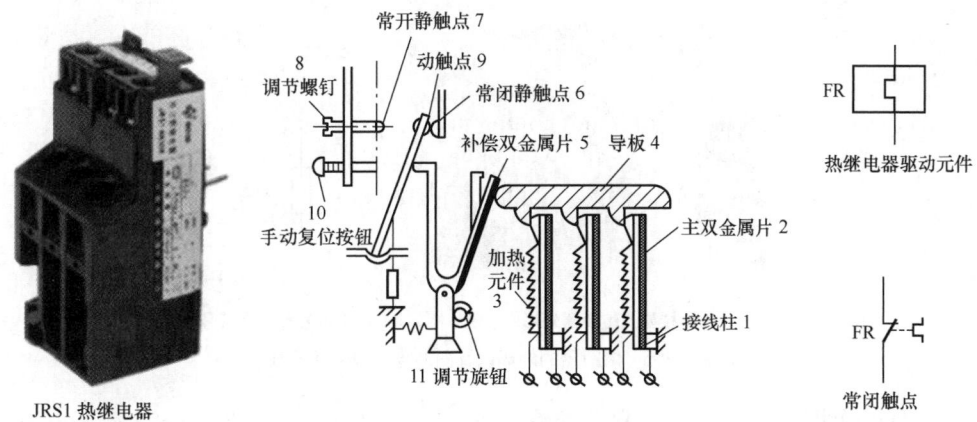

图1-14　JR16系列热继电器外形结构及符号

热继电器的常闭触点常串入控制回路，常开触点可接入信号回路或 PLC 控制时的输入接口电路。

三相异步电动机的电源或绕组断相是导致电动机过热烧毁的主要原因之一，尤其是定子绕组采用△接法的电动机必须采用三相结构带断相保护装置的热继电器实现断相保护。

3. 热继电器的选用

选择热继电器主要根据所保护电动机的额定电流来确定热继电器的规格和加热元件的电流等级。

在根据电动机的额定电流选择热继电器的规格时，一般情况下，应使热继电器的额定电流稍大于电动机的额定电流。

根据需要的整定电流值选择加热元件的编号和电流等级。一般情况下，热继电器的整定值为电动机额定电流的 0.95～1.05 倍。但如果电动机拖动的负载是冲击性负载或启动时间较长及拖动的设备不允许停电的场合，热继电器的整定值可取电动机额定电流的 1.1～1.5 倍。如果电动机的过载能力较差，热继电器的整定值可取电动机额定电流的 0.6～0.8 倍。同时，整定电流应留有一定的上下限调整范围。

根据电动机定子绕组的连接方式选择热继电器的结构形式，即 Y 形连接的电动机选用普通三相结构的热继电器，△接法的电动机应选用三相带断相保护装置的热继电器。

对于频繁正反转和频繁启制动工作的电动机不宜采用热继电器来保护。

（五）熔断器

熔断器是在控制系统中主要用作短路保护的电器，使用时串联在被保护的电路中，当电路发生短路故障，通过熔断器的电流达到或超过某一规定值时，以其自身产生的热量使熔体熔断，从而自动分断电路，起到保护作用。

1. 熔断器的结构

熔断器主要由熔体（俗称熔丝）和安装熔体的熔管（或熔座）两部分组成。熔体由铅、锡、锌、银、铜及其合金制成，常做成丝状、片状或栅状。熔管是装熔体的外壳，由陶瓷、绝缘钢纸制成，在熔体熔断时兼有灭弧作用。熔断器的外形及图形和文字符号如图 1-15 所示。

2. 熔断器的分类与型号

熔断器按结构形式分为半封闭插入式、无填料封闭管式、有填料封闭管式、螺旋自复式熔断器等。其中有填料封闭管式熔断器又分为刀形触点熔断器、螺栓连接熔断器和圆筒形帽熔断器。

（a）螺旋式熔断器外形　　　（b）图形符号和文字符号

图1-15　熔断器的外形以及图形符号和文字符号

熔断器型号说明如下。

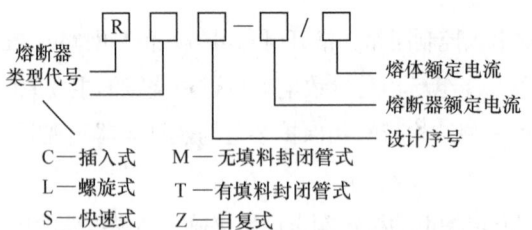

常用熔断器型号有 RC1A、RL1、RT0、RT15、RT16（NT）、RT18 等，如图 1-16 所示。在选用时可根据使用场合酌情选择。

（a）RT0 系列有填料　　　（b）RT18 圆筒形帽　　　（c）RT16（NT）刀形　　　（d）RT15 型螺栓连接
封闭管式熔断器　　　　　　熔断器　　　　　　　触点熔断器　　　　　　　熔断器

图1-16　常用熔断器

3．熔断器的主要技术参数

额定电压：指能保证熔断器长期正常工作的电压。若熔断器的实际工作电压大于其额定电压，熔体熔断时可能发生电弧不能熄灭的危险。

额定电流：指保证熔断器在长期工作制下，各部件温升不超过极限允许温升所能承载的电流值。它与熔体的额定电流是两个不同的概念。熔体的额定电流是指在规定工作条件下，长时间通过熔体而熔体不熔断的最大电流值。通常一个额定电流等级的熔断器可以配用若干个额定电流等级的熔体，但熔体的额定电流不能大于熔断器的额定电流值。

分断能力：指熔断器在规定的使用条件下，能可靠分断的最大短路电流值。通常用极限分断电流值来表示。

时间—电流特性：又称保护特性，表示熔断器的熔断时间与流过熔体电流的关系。一般熔断器的时间—电流特性如图 1-17 所示，熔断器的熔断时间随着电流的增大而减少，即反时限保护特性。

4. 熔断器的选用

熔断器和熔体只有经过正确的选择，才能起到应有的保护作用，选择基本原则如下。

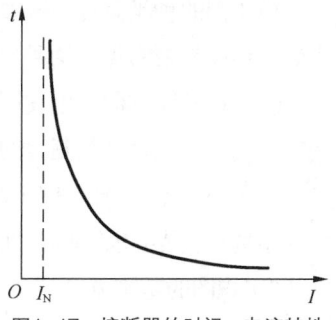

图1-17 熔断器的时间—电流特性

（1）根据使用场合确定熔断器的类型。例如，对于容量较小的照明线路或电动机的保护，宜采用 RC1A 系列插入式熔断器或 RM10 系列无填料密闭管式熔断器；对于短路电流较大的电路或有易燃气体的场合，宜采用具有高分断能力 RL 系列螺旋式熔断器或 RT（包括 NT）系列有填料封闭管式熔断器；对于保护硅整流器件及晶闸管的场合，应采用快速熔断器（RLS 或 RS 系列）。

（2）熔断器的额定电压必须等于或高于线路的额定电压。额定电流必须等于或大于所装熔体的额定电流。

（3）熔体额定电流的选择应根据实际使用情况按以下原则进行计算。

① 对于照明、电热等电流较平稳、无冲击电流的负载短路保护，熔体的额定电流应等于或稍大于负载的额定电流。

② 对一台不经常启动且启动时间不长的电动机的短路保护，熔体的额定电流 I_{RN} 应大于或等于 1.5～2.5 倍电动机额定电流 I_N，即 $I_{RN} \geq （1.5～2.5）I_N$。

③ 对于频繁启动或启动时间较长的电动机，其系数应增加到 3～3.5。

④ 对多台电动机的短路保护，熔体的额定电流应等于或大于其中最大容量电动机的额定电流的 I_{Nmax} 1.5～2.5 倍，再加上其余电动机额定电流的总和 $\sum I_N$，即 $I_{RN} \geq I_{Nmax}（1.5～2.5）I_N + \sum I_N$

（4）熔断器的分断能力应大于电路中可能出现的最大短路电流。

5. 熔断器的安装与使用

（1）安装熔断器除了要保证足够的电气距离外，还应保证足够的间距，以保证方便地拆卸、更换熔体。

（2）安装前应检查熔断器的型号、额定电压、额定电流和额定分断能力等参数是否符合规定要求。

（3）安装熔体必须保证接触良好，不能有机械损伤。

（4）安装引线要有足够的截面积，而且必须拧紧接线螺钉，避免接触不良。

（5）插入式熔断器应垂直安装，螺旋式熔断器的电源线应接在瓷底座的下接线座上，负载线接在螺纹壳的上接线座上，这样在更换熔管时，旋出螺帽后螺纹壳上不带电，保证了操作者的安全。

（6）更换熔体或熔管时，必须切断电源，尤其不允许带负荷操作，以免发生电弧灼伤。

二、基本控制线路

（一）电气图识图及制图标准

1. 电工图的种类

电工图的种类有许多，如电气原理图、安装接线图、端子排图和展开图等，其中电气原理图和安装接线图是最常见的两种形式。

（1）电气原理图。电气原理图简称电原理图，用来说明电气系统的组成和连接的方式，以及表明它们的工作原理和相互之间的作用，不涉及电气设备和电气元件的结构或安装情况。

（2）安装图。安装图或称安装接线图，它是电气安装施工的主要图纸，是根据电气设备或元件的实际结构和安装要求绘制的图纸。在绘图时，只考虑元件的安装配线而不必表示该元件的动作原理。

2. 识图的基本方法

（1）结合电工基础知识识图。在实际生产的各个领域中，所有电路如输变配电、电力拖动和照明等，都是建立在电工基础理论之上的。因此，要想准确、迅速地看懂电气图，必须具备一定的电工基础知识。例如，三相笼型异步电动机的正转和反转控制，就是利用三相笼型异步电动机的旋转方向是由电动机三相电源的相序来决定的原理，用倒顺开关或两个接触器进行切换，改变输入电动机的电源相序，以改变电动机的旋转方向。

（2）结合电器元件的结构和工作原理识图。电路中有各种电器元件，如配电电路中的负荷开关、自动空气开关、熔断器、互感器、仪表等；电力拖动电路中常用的各种继电器、接触器和各种控制开关等；电子电路中，常用的各种二极管、三极管、晶闸管、电容器、电感器以及各种集成电路等。因此，在识读电气图时，首先应了解这些元器件的性能、结构、工作原理、相互控制关系以及在整个电路中的地位和作用。

（3）结合典型电路识图。典型电路就是常见的基本电路，如电动机的启动、制动、正反转控制、过载保护电路，时间控制、顺序控制、行程控制电路等。不管多么复杂的电路，几乎都是由若干基本电路所组成。因此，熟悉各种典型电路，在识图时就能迅速地分清主次环节，抓住主要矛盾，从而看懂较复杂的电路图。

（4）结合有关图纸说明识图。凭借所学知识阅读图纸说明，有助于了解电路的大体情况，便于抓住看图的重点，达到顺利识图的目的。

（5）结合电气图的制图要求识图。电气图的绘制有一些基本规则和要求，这些规则和要求是为了加强图纸的规范性、通用性和示意性而提出的，可以利用这些制图的知识准确识图。

3. 识图要点和步骤

（1）看图纸说明。图纸说明包括图纸目录、技术说明、元器件明细表和施工说明等。识图时，首先要看图纸说明。搞清设计的内容和施工要求，这样就能了解图纸的大体情况，抓住识图的重点。

（2）看主标题栏。在看图纸说明的基础上，接着看主标题栏，了解电气图的名称及标题栏中有关内容。凭借有关的电路基础知识，对电气图的类型、性质、作用等有明确的认识，同时大致了解电气图的内容。

（3）看电路图。看电路图时，先要分清主电路和控制电路、交流电路和直流电路，其次按照先

看主电路，再看控制电路的顺序读图。看主电路时，通常从下往上看，即从用电设备开始，经控制元件，顺次往电源看。看控制电路时，应自上而下，从左向右看，即先看电源，再顺次看各条回路，分析各回路元器件的工作情况及其对主电路的控制。

通过看主电路，搞清用电设备是怎样从电源取电的，电源经过哪些元件到达负载等。通过看控制电路，搞清它的回路构成、各元件间的联系（如顺序、互锁等）、控制关系和在什么条件下回路构成通路或断路，以理解工作情况等。

（4）看接线图。接线图是以电路图为依据绘制的，因此要对照电路图来看接线图。看的时候，也要先看主电路，再看控制电路。看主电路时，从电源输入端开始，顺次经控制元件和线路到用电设备，与看电路图有所不同。看控制电路时，要从电源的一端到电源的另一端，按元件的顺序对每个回路进行分析。

接线图中的线号是电器元件间导线连接的标记，线号相同的导线原则上都可以接在一起。因接线图多采用单线表示，所以对导线的走向应加以辨别，还要搞清端子板内外电路的连接。

4. 常见元件图形符号、文字符号

常见元件图形符号、文字符号见表 1-1。

表 1-1　　　　　　　　　　常见元件图形符号、文字符号

类别	名称	图形符号	文字符号	类别	名称	图形符号	文字符号
开关	单极控制开关		SA	开关	低压断路器		QF
	手动开关一般符号		SA		控制器或操作开关		SA
	三极控制开关		QS	接触器	线圈操作器件		KM
	三极隔离开关		QS		常开主触点		KM
	三极负荷开关		QS		常开辅助触点		KM
	组合旋钮开关		QS		常闭辅助触点		KM

续表

类别	名称	图形符号	文字符号	类别	名称	图形符号	文字符号
时间继电器	通电延时（缓吸）线圈		KT	非电量控制的继电器	速度继电器常开触点		KS
	断电延时（缓放）线圈		KT		压力继电器常开触点		KP
	瞬时闭合的常开触点		KT	发电机	发电机		G
	瞬时断开的常闭触点		KT		直流测速发电机		TG
	延时闭合的常开触点	或	KT	灯	信号灯（指示灯）		HL
	延时断开的常闭触点	或	KT		照明灯		EL
	延时闭合的常闭触点	或	KT	接插器	插头和插座	或	X插头 XP插座XS
	延时断开的常开触点	或	KT	位置开关	常开触点		SQ
电磁继电器	电磁铁的一般符号	或	YA		常闭触点		SQ
	电磁吸盘		YH		复合触点		SQ
	电磁离合器		YC	按钮	常开按钮	E-\	SB
	电磁制动器		YB		常闭按钮	E-7	SB
	电磁阀		YV		复合按钮	E-7-\	SB

续表

类别	名称	图形符号	文字符号	类别	名称	图形符号	文字符号
按钮	急停按钮		SB	电压继电器	常开触点		KV
	钥匙操作式按钮		SB		常闭触点		KV
热继电器	热元件		FR	电动机	三相笼型异步电动机		M
	常闭触点		FR		三相绕线转子异步电动机		M
中间继电器	线圈		KA		他励直流电动机		M
	常开触点		KA		并励直流电动机		M
	常闭触点		KA		串励直流电动机		M
电流继电器	过电流线圈	$I>$	KA	熔断器	熔断器		FU
	欠电流线圈	$I<$	KA	变压器	单相变压器		TC
	常开触点		KA		三相变压器		TM
	常闭触点		KA	互感器	电压互感器		TV
电压继电器	过电压线圈	$U>$	KV		电流互感器		TA
	欠电压线圈	$U<$	KV		电抗器		L

5. 电气原理图举例

电气原理图举例如图 1-18 所示。

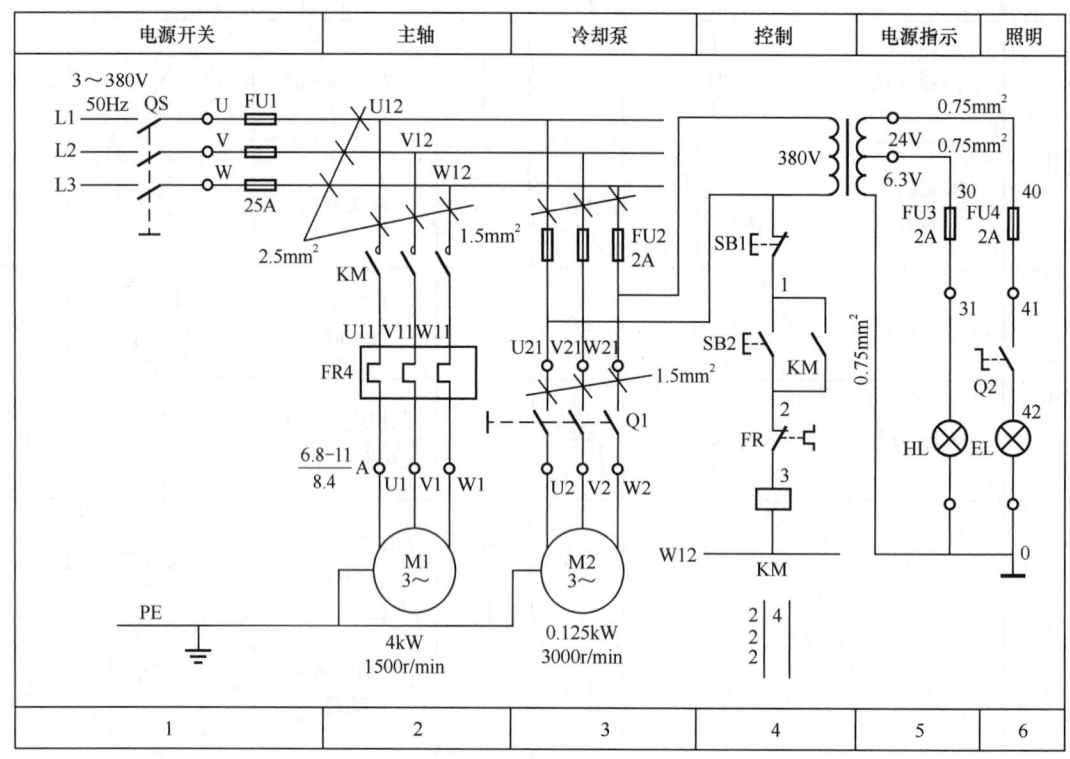

图1-18　普通车床电气原理图

（二）三相异步电动机单相启停控制线路

1. 电动机点动控制线路

点动控制是指按下按钮，电动机就得电运转；松开按钮，电动机就失电停转的控制方式。电气设备工作时常常需要进行点动调整，如车刀与工件位置的调整，因此需要用点动控制电路来完成。点动正转控制线路是由按钮、接触器来控制电动机运转的最简单的正转控制线路，其电气控制原理图如图 1-19 所示。

在图 1-19 点动控制线路中，组合开关 QS 作电源隔离开关；熔断器 FU1、FU2 分别作主电路、控制电路的短路保护；由于电动机只有点动控制，运行时间较短，主电路不需要接热继电器，启动按钮 SB 控制接触器 KM 的线圈得电、失电；接触器 KM 的主触点控制电动机 M 的启动与停止。

其工作原理：先合上开关 QS，再按下面步骤操作。

① 启动：按下启动按钮 SB→接触器 KM 线圈得电→KM 主触点闭合→电动机 M 启动运行。

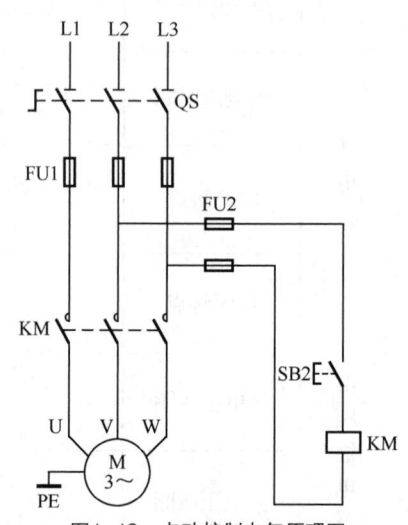

图1-19　点动控制电气原理图

② 停止：松开按钮 SB→接触器 KM 线圈失电→KM 主触点断开→电动机 M 失电停转。

值得注意的是，停止使用时，应先断开电源开关 QS。

2. 电动机单向连续控制线路

在要求电动机启动后能连续运转时，采用点动正转控制线路显然是不行的。为实现连续运转，可采用如图 1-20 所示的接触器自锁控制线路。它与点动控制线路相比较，主电路中由于电动机连续运行，所以要添加热继电器以便进行过载保护，而在控制电路中又多串接了一个停止按钮 SB1，并在启动按钮 SB2 的两端并接了接触器 KM 的一对常开辅助触点。

电路工作原理：先合上电源开关 QS，再按下面过程操作。

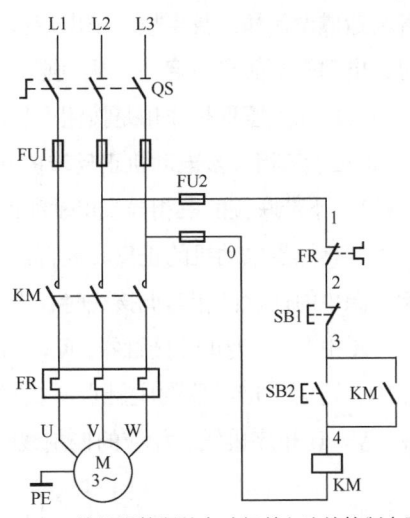

图1-20　接触器控制的电动机单向连续控制电路

当松开 SB2 时，由于 KM 的常开辅助触点闭合，控制电路仍然保持接通，所以 KM 线圈继续得电，电动机 M 实现连续运转。这种利用接触器 KM 本身常开辅助触点而使其线圈保持得电的控制方式叫做自锁。与启动按钮 SB2 并联起自锁作用的常开辅助触点叫自锁触点。

当松开 SB1，其常闭触点恢复闭合，因接触器 KM 的自锁触点在切断控制电路时已断开，解除了自锁，SB2 也是断开的，所以接触器 KM 不能得电，电动机 M 也不会工作。

电路具有的保护环节包括以下几种。

（1）短路保护。主电路和控制电路分别由熔断器 FU1 和 FU2 实现短路保护。当控制回路和主回路出现短路故障时，能迅速有效地断开电源，实现对电器和电动机的保护。

（2）过载保护。由热继电器 FR 实现对电动机的过载保护。当电动机出现过载且超过规定时间时，热继电器双金属片过热变形，推动导板，经过传动机构，使动断辅助触点断开，从而使接触器线圈失电，电机停转，实现过载保护。

（3）欠压保护。当电源电压由于某种原因而下降时，电动机的转矩将显著减小，将使电动机无法正常运转，甚至引起电动机堵转而烧毁。采用具有自锁的控制线路可避免出现这种事故。因为当电源电压低于接触器线圈额定电压的 75% 左右时，接触器就会释放，自锁触点断开，同时动合主触点也断开，使电动机断电，起到保护作用。

（4）失压保护。电动机正常运转时，电源可能停电，当恢复供电时，如果电动机自行启动，很

容易造成设备和人身事故。采用带自锁的控制线路后，断电时由于自锁触点已经打开，当恢复供电时，电动机不能自行启动，从而避免了事故的发生。

欠压和失压保护作用是按钮、接触器控制连续运行的控制线路的一个重要特点。

（三）三相异步电动机正反转控制线路

1. 不带联锁的三相异步电动机的正反转

三相异步电动机的正反转运行需通过改变通入电动机定子绕组的三相电源相序来实现，即把三相电源中的任意两相对调接线时，电动机就可以反转，如图1-21所示。

图中KM1为正转接触器，KM2为反转接触器，它们分别由SB2和SB3控制。从主电路中可以看出，这两个接触器的主触点所接通电源的相序不同，KM1按U—V—W相序接线，KM2则按W—V—U相序接线。相应的控制线路有两条，分别控制两个接触器的线圈。

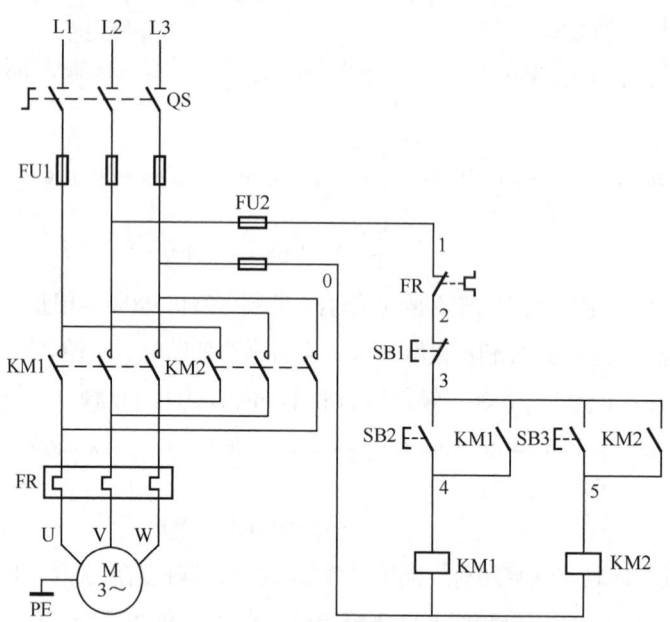

图1-21　三相异步电动机的正反转电气原理图

电路工作过程：先合电源开关QS，再按下面过程进行。

（1）正转控制。

（2）反转控制。

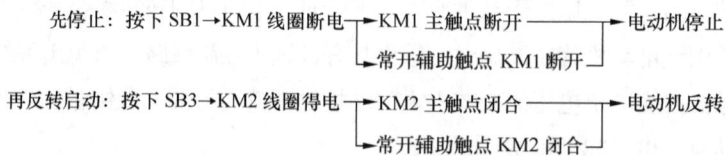

接触器控制正反转电路操作不便，必须保证在切换电动机运行方向之前要先按下停止按钮，然

后再按下相应的启动按钮，否则将会发生主电源侧电源短路的故障。为克服这一不足，提高电路的安全性，需采用联锁控制。

2. 具有联锁控制的电动机正反转电路

联锁控制就是在同一时间里两个接触器只允许一个工作的控制方式，也称为互锁控制。实现联锁控制的常用方法有接触器联锁、按钮联锁和复合联锁控制等。如图 1-22 所示。可见联锁控制的特点是将本身控制支路元件的常闭触点串联到对方控制电路支路中。

电路的工作原理：首先合上开关 QS，再按下面过程进行。

（1）正转控制。

启动：按 SB2→KM1 线圈得电 ⎰ KM1 常闭触点打开→使 KM2 线圈无法得电（联锁）
　　　　　　　　　　　　　　⎨ KM1 主触点闭合→电动机 M 通电启动正转
　　　　　　　　　　　　　　⎱ KM1 常开触点闭合→自锁

停止：SB1→KM1 线圈失电 ⎰ KM1 常闭触点闭合→解除对 KM2 的联锁
　　　　　　　　　　　　　⎨ KM1 主触点打开→电动机 M 停止正转
　　　　　　　　　　　　　⎱ KM1 常开触点打开→解除自锁

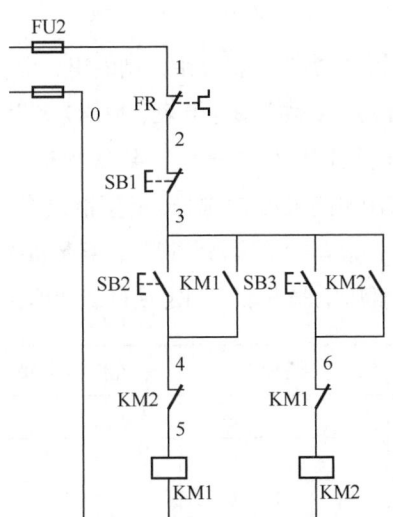

图1-22　具有联锁正反转电气原理图

（2）反转控制。

启动：按 SB3→KM2 线圈得电 ⎰ KM2 常闭触点打开→使 KM1 线圈无法得电（联锁）
　　　　　　　　　　　　　　⎨ KM2 主触点闭合→电动机 M 通电启动反转
　　　　　　　　　　　　　　⎱ KM2 常开触点闭合→自锁

停止：按 SB1→KM2 线圈失电 ⎰ KM2 常闭触点闭合→解除对 KM1 的联锁
　　　　　　　　　　　　　　⎨ KM2 主触点打开→电动机 M 停止反转
　　　　　　　　　　　　　　⎱ KM2 常开触点打开→解除自锁

由此可见，通过 SB1、SB2 控制 KM1、KM2 动作，改变接入电动机的交流电的三相顺序，就

改变了电动机的旋转方向。

项目实施与评估

一、项目任务

三相异步电动机正反转控制的安装调试试车

1. 工作任务

（1）能分析交流电动机联锁控制原理。

（2）能正确识读电路图、装配图。

（3）会按照工艺要求正确安装交流电动机联锁控制电路。

（4）能根据故障现象，检修交流电动机联锁控制电路。

2. 工作原理图

工作原理图如图 1-1 所示。

二、计划与决策

1. 工作准备

（1）工具、仪表及器材。

① 工具：测电笔、螺钉旋具、尖嘴钳、斜口钳、剥线钳、电工刀、校验灯等。

② 仪表：5050 型兆欧表、T301-A 型钳形电流表、MF47 型万用表。

③ 器材：接触器联锁正反转控制线路板一块。导线规格：正反转电路采用 BV1.5mm^2 和 BVR1.5 mm^2（黑色）塑铜线，控制电路采用 BVR1 mm^2 塑铜线（红色），接地线采用 BVR（黄绿双色）塑铜线（截面至少 1.5 mm^2）；紧固体及编码套管等，其数量按需要而定。

（2）制定选用正反转电路的低压电器方案，制定项目计划单，列出元件明细表，填入下表中。

序号	名称	型号	规格与主要参数	数量	备注
1					
2					
3					
4					
5					
6					
7					
8					

2. 设计正反转控制线路的位置图

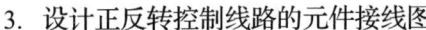

3. 设计正反转控制线路的元件接线图

三、项目实施

（1）根据电路图画出位置图及接线图。

（2）按表配齐所用电器元件，并进行质量检验。电器元件应完好无损，各项技术指标符合规定要求，否则应予以更换。

（3）在控制板上按设计的位置图所示安装所有的电器元件，并贴上醒目的文字符号。安装时，组合开关、熔断器的受电端子应安装在控制板的外侧；元件排列要整齐、匀称、间距合理，且便于元件的更换；紧固电器元件时用力要均匀，紧固程度适当，做到既要使元件安装牢固，又不使其损坏。

（4）按接线图进行板前明线布线和套编码套管。做到布线横平竖直、整齐、分布均匀、紧贴安装面、走线合理；套编码套管要正确；严禁损伤线心和导线绝缘；接点牢靠，不得松动，不得压绝缘层，不反圈及不露铜过长等。

（5）根据如图 1-1 所示电路图检查控制板布线的正确性。

（6）安装电动机。做到安装牢固平稳，以防止在换向时产生滚动而引起事故。

（7）可靠连接电动机和按钮金属外壳的保护接地线。

（8）连接电源、电动机等控制板外部的导线。导线要敷设在导线通道内，并采用绝缘良好的橡皮线进行通电校验。

四、检查与评估

1. 自检

安装完毕的控制线路板，必须按要求进行认真检查，确保无误后才允许通电试车。

（1）主电路接线检查。按电路图或接线图从电源端开始，逐段核对接线有无漏接、错接之处，检查导线接点是否符合要求，压接是否牢固，以免带负载运行时产生闪弧现象。

（2）控制电路接线检查。用万用表电阻挡检查控制电路接线情况。

2. 交验合格后，通电试车

通电时，必须经指导教师同意后，再接通电源，并在现场进行监护。出现故障后，学生应独立进行检修。若需带电检查时，也必须有教师在现场监护。

接通三相电源 L1、L2、L3，合上电源开关 QS，用电笔检查熔断器出线端，氖管亮说明电源接通。分别按下 SB1、SB2 和 SB3，观察是否符合线路功能要求，观察电器元件动作是否灵活，有无卡阻及噪声过大现象，观察电动机运行是否正常。若有异常，立即停车检查。

3. 通电试车完毕，停转、切断电源

先拆除三相电源线，再拆除电动机负载线。

4. 检查评估

工作质量检测检查内容见表 1-2。

表 1-2   工作任务训练记录与成绩评定

项目内容	配分	评分标准			扣分
装前检查	15	（1）电动机质量检查，每漏一处		扣 5 分	
		（2）电器元件漏检或错检，每处		扣 2 分	
安装元件	15	（1）元件布置不整齐、不匀称不合理，每只		扣 3 分	
		（2）元件安装不紧固，每只		扣 4 分	
		（3）安装元件时漏装木螺钉，每只		扣 1 分	
		（4）走线槽安装不符合要求，每处		扣 2 分	
		（5）损坏元件		扣 15 分	
布线	30	（1）不按电路图接线		扣 25 分	
		（2）布线不符合要求	主电路，每根	扣 4 分	
			控制电路，每根	扣 2 分	
		（3）接点松动、露铜过长、压绝缘层每个接点扣 1 分			
		（4）损伤导线绝缘或线心，每根		扣 5 分	
		（5）漏套或错套编码套管，每处		扣 2 分	
		（6）漏接接地线		扣 10 分	
通电试车	40	（1）热继电器未整定或整定错		扣 5 分	
		（2）熔体规格配错，主、控电路各		扣 5 分	
		（3）	第一次试车不成功	扣 20 分	
			第二次试车不成功	扣 30 分	
			第三次试车不成功	扣 40 分	
安全文明生产		违反安全文明生产规程		扣 5～40 分	
定额时间 3.5h		每超时 5min 以内以扣 5 分计算			
备注		除定额时间外，各项目的最高扣分不应超过配分数		成绩	
开始时间			结束时间	实际时间	

注：每项最高扣分不超过该项的配分。

应用举例

一、三相异步电动机点动、连续控制线路

在要求电动机既能连续运转又能点动控制时，就需要两个控制按钮，如图 1-23 所示。当连续运转时，要采用接触器自锁控制线路；实现点动控制时，又需要把自锁电路解除掉，采用复合按钮，

它工作时常开和常闭触点是联动的，当按钮被按下时，常闭触点先动作，常开触点随后动作；而松开按钮时，常开触点先复位，常闭触点再复位。

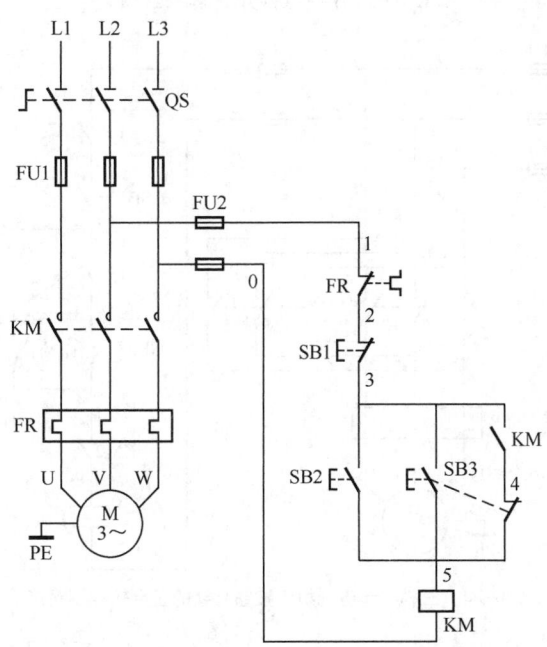

图1-23　三相异步电动机点动、连续控制线路

电路工作原理：先合上电源开关 QS，再按下面的过程进行。

连续控制：

按下 SB2 → KM 线圈得电 → KM 主触点闭合 → 电动机通电连续工作
　　　　　　　　　　　　└→ 常开辅助触点 KM 闭合

点动控制：

按下 SB3 → KM 线圈得电 → KM 主触点闭合 → 电动机点动
　　　　　　　　　　　　└→ SB3 常闭断开

二、三相异步电动机带按钮互锁的正反转控制

图 1-22 所示电路严格地说没有什么问题，但是当电机正转后，需要反转时，必须按电机停止按钮 SB1，不能直接按反向按钮 SB3，故操作不太方便。原因是按 SB3 时，不能断开 KM1 的电路，故 KM1 的常闭触点会继续互锁。要想解决这个问题，可参考图 1-24。

电路的工作原理：首先合上开关 QS，再按下面过程进行。

（1）正转控制。

启动：按 SB1 → KM1 线圈得电 ⎰ KM1 常闭触点打开 → 使 KM2 线圈无法得电（联锁）
　　　　　　　　　　　　　　⎨ KM1 主触点闭合 → 电动机 M 通电启动正转
　　　　　　　　　　　　　　⎱ KM1 常开触点闭合 → 自锁

停止：SB3→KM1 线圈失电 { KM1 常闭触点闭合→解除对 KM2 的联锁
KM1 主触点打开→电动机 M 停止正转
KM1 常开触点打开→解除自锁

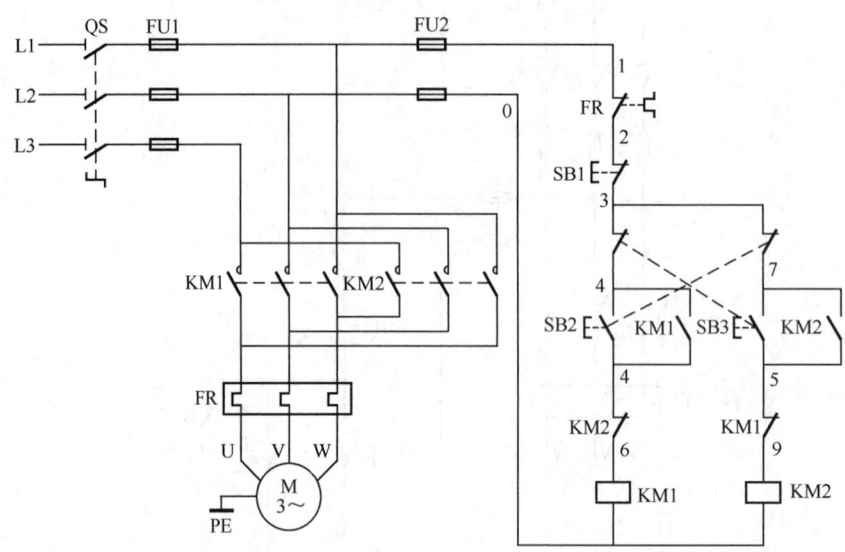

图1-24　三相异步电动机带按钮互锁的正反转控制线路

（2）反转控制。

启动：按 SB2→KM2 线圈得电 { KM2 常闭触点打开→使 KM1 线圈无法得电（联锁）
KM2 主触点闭合→电动机 M 通电启动反转
KM2 常开触点闭合→自锁

停止：按 SB3→KM2 线圈失电 { KM2 常闭触点闭合→解除对 KM1 的联锁
KM2 主触点打开→电动机 M 停止反转
KM2 常开触点打开→解除自锁

　　由此可见，通过 SB1、SB2 控制 KM1、KM2 动作，改变接入电动机的交流电的三相顺序，就改变了电动机的旋转方向。

项目小结

　　本项目从电动机正反转电气控制线设计安装与调试任务引入，讲述了按钮、刀开关、接触器、中间继电器、热继电器、熔断器等低压电器的结构、工作原理、符号、型号和选择方法，同时还介绍了三相异步电动机的点动、连续及正反转等基本控制环节。这些是在实际当中经过验证的电路。熟练掌握这些电路，是阅读、分析、设计较复杂生产机械控制线路的基础。同时，在绘制电路图时，必须严格按照国家标准规定使用各种符号、单位、名词术语和绘制原则。

　　电气控制系统图主要有电气原理图、电器布置图和电气安装接线图。学习中重点应掌握电气原

理图的规定画法及国家标准。

生产机械要正常、安全、可靠地工作，必须要有必要的保护环节。控制线路的常用保护有短路保护、过载保护、过电流保护、失压保护、欠压保护，它们分别用不同的电器来实现。

本项目中介绍了多种电机控制线路，据此，就可以自学其他电机控制线路，并能根据工作需要安装与调试生产中应用的控制线路，如具有降压启动和位置控制的电机控制线路。

1. 试说明交流接触器的结构原理，并画出文字和图形符号。
2. 试说明按钮开关的结构原理，并画出文字和图形符号。
3. 试说明磁插式熔断器的结构原理，并画出文字和图形符号。
4. 试说明热继电器的结构原理，并画出符号。
5. 什么是自锁？如何实现自锁？
6. 什么是失压、欠压保护？如何实现？
7. 设计并分析异步电动机正反转控制线路的结构和原理。有哪些保护？
8. 什么是互锁？如何实现互锁？
9. 在电动机控制电路中，能否用热继电器充当短路保护？
10. 在电动机的电路中能否用熔断器作电动机的过载保护？
11. 试设计电动机正反转点动—连续的控制线路。
12. 什么是电气控制线路的元件位置图，布线原则是什么？

项目二

| 送料小车自动往返的电气控制 |

【学习目标】

1. 掌握行程开关、转换开关、时间继电器的作用、结构、符号、型号及选择方法。
2. 会分析并设计异步电动机的时间控制、行程控制等工作台往返电气控制线路。
3. 能分析并设计多地控制线路、连续—点动控制等电动机基本控制线路。
4. 能够完成送料小车自动往返控制线路的设计、安装调试与运行。
5. 能够分析并排除送料小车自动往返控制线路的常见故障。
6. 熟悉 Z3050 型摇臂钻床的结构、运动情况及拖动特点。
7. 能分析 Z3050 型摇臂钻床的电气控制线路的工作原理。
8. 能对 Z3050 型摇臂钻床常见的电气故障进行分析与排故。
9. 具有环境保护意识，具有良好的职业道德，做到安全文明生产。
10. 能够进行独立学习、团队协作，具备自信心、社会责任心。

| 项目引入 |

一、任务描述

设计某一采石场一台装料小车的控制电路。对电路的要求：采用行程控制的原则，按下启动按钮，小车前进向终点驶去，到达终点，停留 5s 卸料，然后再后退，到达始发点停留 5s 装料，装好再前进，如此循环下去，直至按下停车按钮才能停止，小车正反转均可启动。送料小车工作示意图如图 2-1 所示。

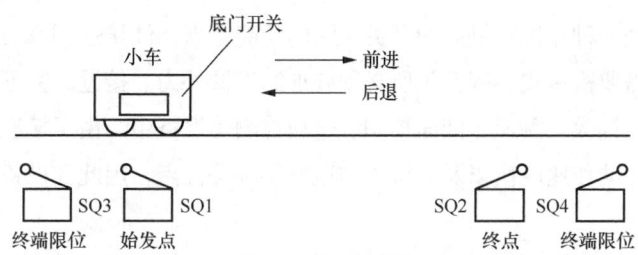

图2-1 送料小车工作示意图

二、控制要求

① 有终端限位、短路、过载等完善的保护。

② 设计主电路、控制电路、元件布置图。

③ 三相异步电动机 Y-112M-4.4kW、380V、△接法、8.8A、1440r/min，选择电器元件并列出元件清单。

相关知识

一、电气控制器件

（一）行程开关

行程开关又称为限位开关，其作用是将机械位移转变为触点的动作信号，以控制机械设备的运动，在机电设备的行程控制中有很大作用。行程开关的工作原理与控制按钮相同，不同之处在于行程开关是利用机械运动部分的碰撞而使其动作，按钮则是通过人力使其动作。行程开关主要用于机床、自动生产线和其他机械的限位及程序控制。为了适用于不同的工作环境，可以将行程开关做成各种各样的外形，如图 2-2 所示。

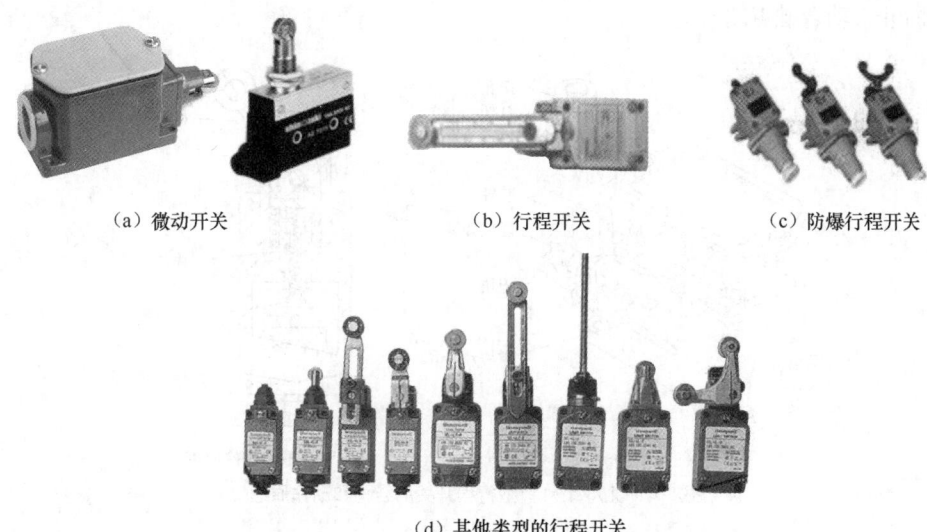

（a）微动开关　　　　　（b）行程开关　　　　（c）防爆行程开关

（d）其他类型的行程开关

图2-2 行程开关外形图

有一种接近开关是一种无机械触点的开关，它的功能是当物体接近到开关的一定距离时就能发出"动作"信号，不需要机械式行程开关所必须施加的机械外力。接近开关不仅可当作行程开关使用，还广泛应用于产品计数、测速、液面控制、金属检测等设备中。由于接近开关具有体积小、可靠性高、使用寿命长、动作速度快以及无机械与电气磨损等优点，因此在设备自动控制系统中也获得了广泛应用。

当接通电源后，接近开关内的振荡器开始振荡，检测电路输出低电位，使输出晶体管或晶闸管截止，负载不动作；当移动的金属片到达开关感应面动作距离以内时，在金属内产生涡流，振荡器的能量被金属片吸收，振荡器停振，检测电路输出高电位，此高电位使输出电路导通，接通负载工作。图2-3所示是各种类型的接近开关。

（a）接近开关　　（b）高温接近开关　　（c）其他类型的接近开关

图2-3　接近开关

1. 行程开关的基本结构

行程开关的种类很多，但基本结构相同，都是由触点系统、操作机构和外壳组成的。常见的类型有直动式和滚轮式。

JLXK1系列行程开关的动作原理如图2-4所示。当运动部件的挡铁碰压行程开关的滚轮时，杠杆连同转轴一起转动，使凸轮推动撞块，当撞块被压到一定位置时，推动微动开关快速动作，使其动断触点断开，动合触点闭合。

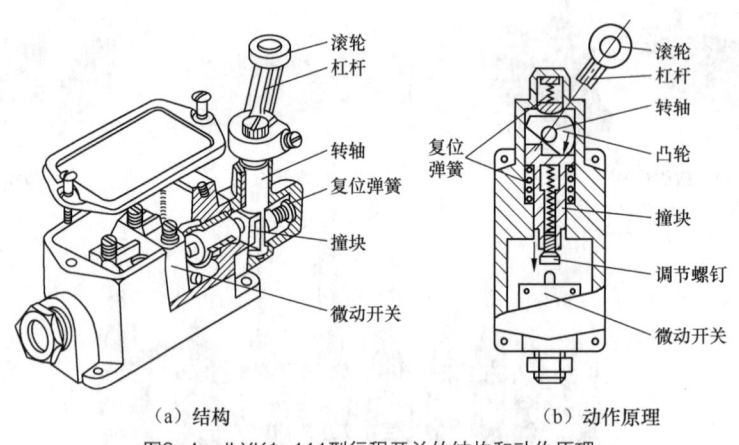

（a）结构　　　　　　　　　（b）动作原理

图2-4　JLXK1-111型行程开关的结构和动作原理

行程开关的触点动作方式有蠕动型和瞬动型两种。蠕动型的触点结构与按钮相似，其特点是结构简单，价格便宜，触点的分合速度取决于生产机械挡铁的移动速度。当挡铁的移动速度小于

0.47 m/min 时，触点分合太慢，易产生电弧灼烧触点，从而缩短触点的使用寿命，也影响动作的可靠性及行程控制的位置精度。为克服这些缺点，行程开关一般都采用具有快速换接动作机构的瞬动型触点。瞬动型行程开关的触点动作速度与挡铁的移动速度无关，性能显然优于蠕动型。

LX19K 型行程开关即是瞬动型行程开关，其工作原理如图 2-5 所示。当运动部件的挡铁碰压顶杆时，顶杆向下移动，压缩弹簧得以储存一定的能量。当顶杆移动到一定位置时，弹簧的弹力方向发生改变，同时储存的能量得以释放，完成跳跃式快速换接动作。当挡铁离开顶杆时，顶杆在弹簧的作用下上移，上移到一定位置时，接触板瞬时进行快速换接，触点迅速恢复到原状态。

行程开关动作后，复位方式有自动复位和非自动复位两种。图 2-6（a）和图 2-6（b）所示的直动式和单轮旋转式均为自动复位式，但有的行程开关动作后不能自动复位，如图 2-6（c）所示的双轮旋转式行程开关，只有运动机械反向移动，挡铁从相反方向碰压另一滚轮时，触点才能复位。

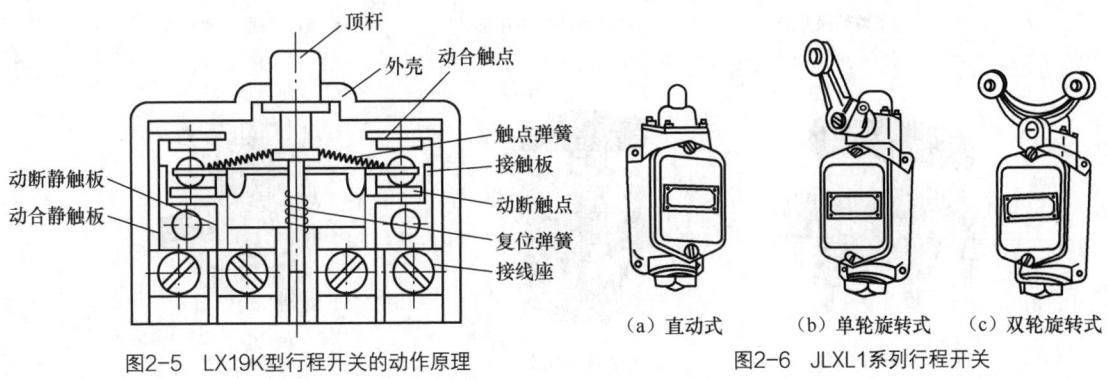

图2-5 LX19K型行程开关的动作原理

（a）直动式　（b）单轮旋转式　（c）双轮旋转式

图2-6 JLXL1系列行程开关

2. 型号

常用的行程开关有 LX19 和 JLXL1 等系列，其型号及含义如下。

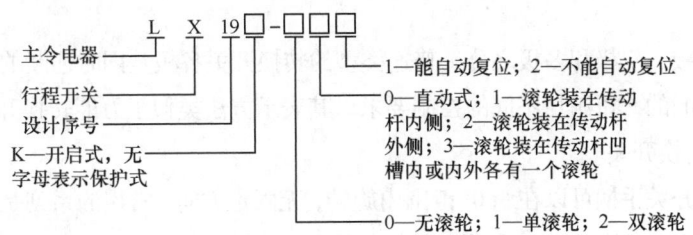

3. 符号

行程开关在电路中的符号如图 2-7 所示。

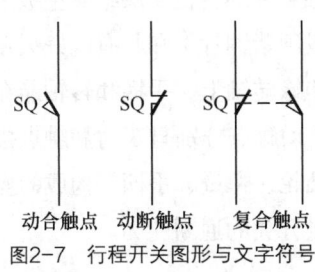

图2-7 行程开关图形与文字符号

（二）转换开关

转换开关又称组合开关，常用于交流 50 Hz、380 V 以下及直流 220 V 以下的电气线路中，供手动不频繁地接通和分断电路、电源开关，或控制 5 kW 以下小容量异步电动机的启动、停止和正反转，各种用途的转换开关如图 2-8 所示。

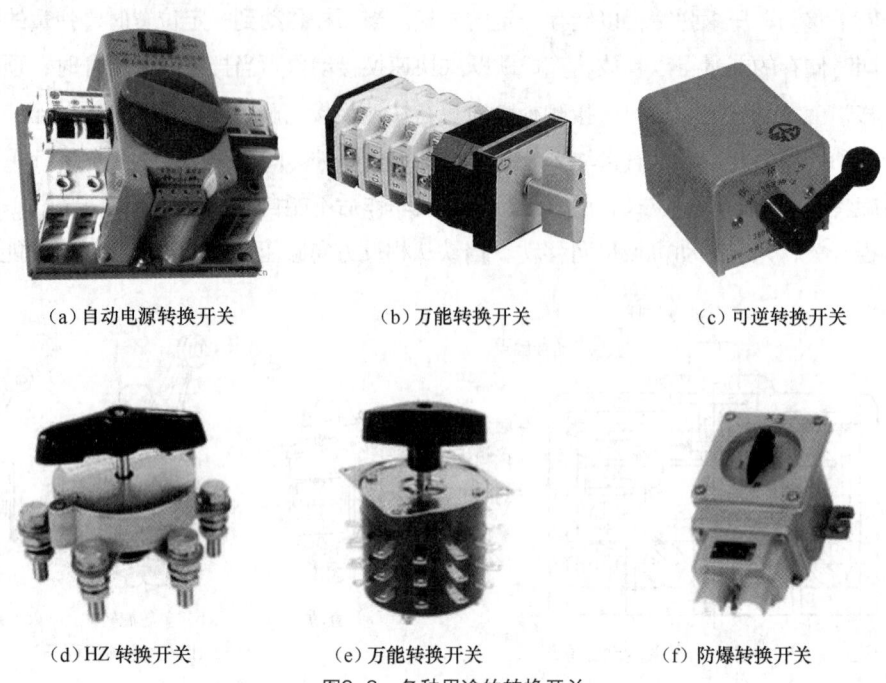

| (a) 自动电源转换开关 | (b) 万能转换开关 | (c) 可逆转换开关 |

| (d) HZ 转换开关 | (e) 万能转换开关 | (f) 防爆转换开关 |

图2-8　各种用途的转换开关

组合开关的常用产品有 HZ6、HZ10、HZ15 系列。一般在电气控制线路中普遍采用的是 HZ10 系列的组合开关。

组合开关有单极、双极和多极之分。普通类型的转换开关各极是同时通断的；特殊类型的转换开关是各极交替通断的，以满足不同的控制要求，其表示方法类似于万能转换开关。

1. 无限位型转换开关

无限位型转换开关手柄可以在 360° 范围内旋转，无固定方向。常用的系列是全国统一设计产品 HZ10 系列，HZ10-10/3 型组合开关外形、结构与符号如图 2-9 所示。它实际上就是由多节触点组合而成的刀开关，与普通闸刀开关的区别是转换开关用动触片代替闸刀，操作手柄在平行于安装面的平面内可左右转动。开关的 3 对静触点分别装在 3 层绝缘垫板上，并附有接线柱，用于与电源及用电设备相接。动触点是用磷铜片（或硬紫铜片）和具有良好灭弧性能的绝缘钢纸板铆合而成，并和绝缘垫板一起套在附有手柄的方形绝缘转轴上。手柄和转轴能在平行于安装面的平面内沿顺时针或逆时针方向每次转动 90°，带动 3 个动触点分别与 3 对静触点接触或分离，实现接通或分断电路的目的。开关的顶盖部分是由滑板、凸轮、弹簧、手柄等构成的操作机构。由于采用了弹簧储能，可使触点快速闭合或分断，因此提高了开关的通断能力。

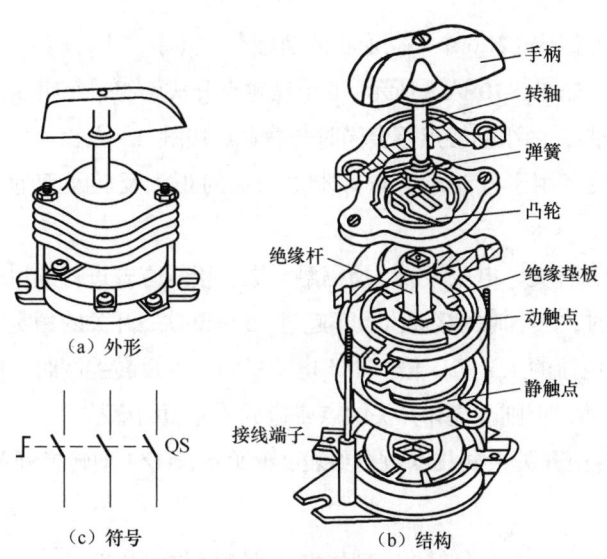

图2-9 HZ10-10/3型组合开关

2. 有限位型转换开关

有限位型转换开关也称为可逆转换开关或倒顺开关，只能在 90°范围内旋转，有定位限制，类似于双掷开关，即所谓的两位置转换类型。常用的为 HZ3 系列，其 HZ3-132 型转换开关外形、结构与符号如图 2-10 所示。

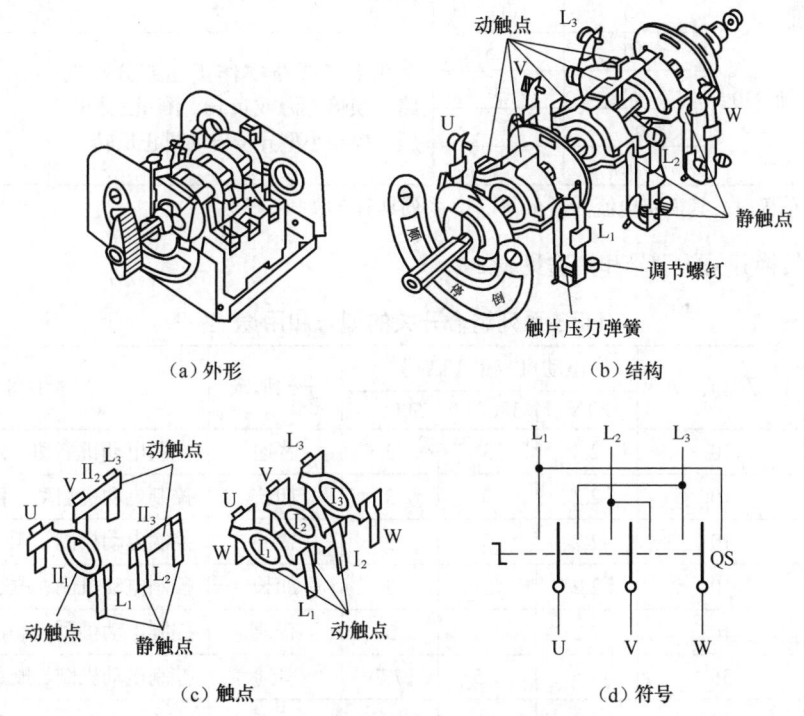

图2-10 HZ3-132型转换开关外形图

HZ3-132 型转换开关的手柄有倒、停、顺 3 个位置，手柄只能从"停"位置左转45°和右转45°。移去开关上盖可见两边各装有 3 个静触点，右边标符号 L₁、L₂ 和 W，左边标符号 U、V 和 L₃，如

图 2-10（b）所示。转轴上固定着 6 个不同形状的动触点。其中，I_1、I_2、I_3、II_1 是同一形状，II_2、II_3 为另一种形状，如图 2-10（c）所示。6 个动触点分成两组，每组 3 个，I_1、I_2、I_3 为一组，II_1、II_2、II_3 为一组，两组动触点不会同时与静触点接触。

HZ3 系列转换开关多用于控制小容量异步电动机的正、反转及双速异步电动机 △/YY 与 Y/YY 的变速切换。

转换开关是根据电源种类、电压等级、所需触点数、接线方式进行选用的。用转换开关控制异步电动机的启动、停止时，每小时的接通次数不超过 15～20 次，开关的额定电流也应该选得略大一些，一般取电动机额定电流的 1.5～2.5 倍。用于电动机的正、反转控制时，应当在电动机完全停止转动后，才允许反向启动，否则会烧坏开关触点或造成弧光短路事故。

HZ5、HZ10 系列转换开关主要技术数据如表 2-1 所示，HZ3 型转换开关在电路图中的符号如图 2-10（d）所示。

表 2-1　　　　　　　　HZ5、HZ10 系列转换开关主要技术数据

型号	额定电压（V）	额定电流（A）	控制功率（kW）	用途	备注
HZ5-10	交流 380	10	1.5	在电气设备中作电源引入，接通或分断电路、换接电源或负载（电动机等）	可取代 HZ1～HZ3 等老产品
HZ5-20		20	4		
HZ5-40		40	7.5		
HZ5-60		60	11		
HZ10-10	直流 220	10	1.5	在电气线路中作接通或分断电路，换接电源或负载，测量三相电压，控制小型异步电动机正反转	可取代 HZ1、HZ2 等老产品
HZ10-25		25	4		
HZ10-60		60	11		
HZ10-100		100	30		

注：HZ10-10 为单极时，其额定电流为 6 A，HZ10 系列具有 2 极和 3 极。

HZ3 系列转换开关的型号和用途见表 2-2。

表 2-2　　　　　　　　HZ3 系列组合开关的型号和用途

型号	额定电流（A）	电动机容量（kW）			手柄形式	用途
		220 V	380 V	500 V		
HZ3-131	10	2.2	3	3	普通	控制电动机启动、停止
HZ3-431	10	2.2	3	3	加长	控制电动机启动、停止
HZ3-132	10	2.2	3	3	普通	控制电动机倒、顺、停
HZ3-432	10	2.2	3	3	加长	控制电动机倒、顺、停
HZ3-133	10	2.2	3	3	普通	控制电动机倒、顺、停
HZ3-161	35	5.5	7.5	7.5	普通	控制电动机倒、顺、停
HZ3-452	5（110 V）2.5（220 V）	—	—	—	加长	控制电磁吸盘
HZ3-451	10	2.2	3	3	加长	控制电动机 △/YY、Y/YY 变速

3. 型号

HZ 系列型号含义如下。

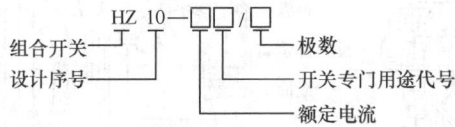

（三）时间继电器

时间继电器的外形如图 2-11 所示。

时间继电器在线圈得电或断电后，触点要经过一定的时间延迟后才动作或复位，是实现触点延时接通和断开电路的自动控制电器。时间继电器分为通电延时和断电延时两种：电磁线圈通电后，触点延时通断的为通电延时型；线圈断电后，触点延时通断的为断电延时型。

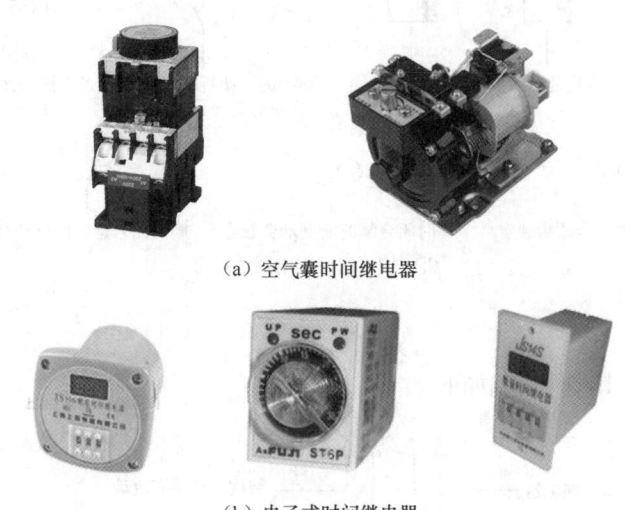

（a）空气囊时间继电器

（b）电子式时间继电器

图2-11 时间继电器外形图

1. 结构及工作原理

时间继电器主要由电磁系统、工作触点、气室和传动机构等组成，其外形结构如图 2-12 所示。电磁系统由电磁线圈、铁心、衔铁、反力弹簧和弹簧片组成。工作触点由两对瞬时触点（一对常开与一对常闭）和两对延时触点（一对常开与一对常闭）组成。气室主要由橡皮膜、活塞杆组成。橡皮膜和活塞可随气室进气量移动，气室上面有一颗调节螺钉，可通过它调节气室进气速度来调节延时的长短。传动机构由杠杆、推杆、推板和宝塔形弹簧组成。

当电路通电后，电磁线圈的静铁心产生磁场力，使衔铁克服反力弹簧的弹力而吸合，与衔铁相连的推板向右运动，推动推杆压缩宝塔形弹簧，使气室内橡皮膜和活塞缓慢向右运动，通过弹簧片使瞬时触点动作的同时也通过杠杆使延时触点延时动作，延时时间由气室进气口的节流程度决定，其节流程度可用调节螺丝完成。

2. 符号

时间继电器在电路图中的符号如图 2-13 所示。

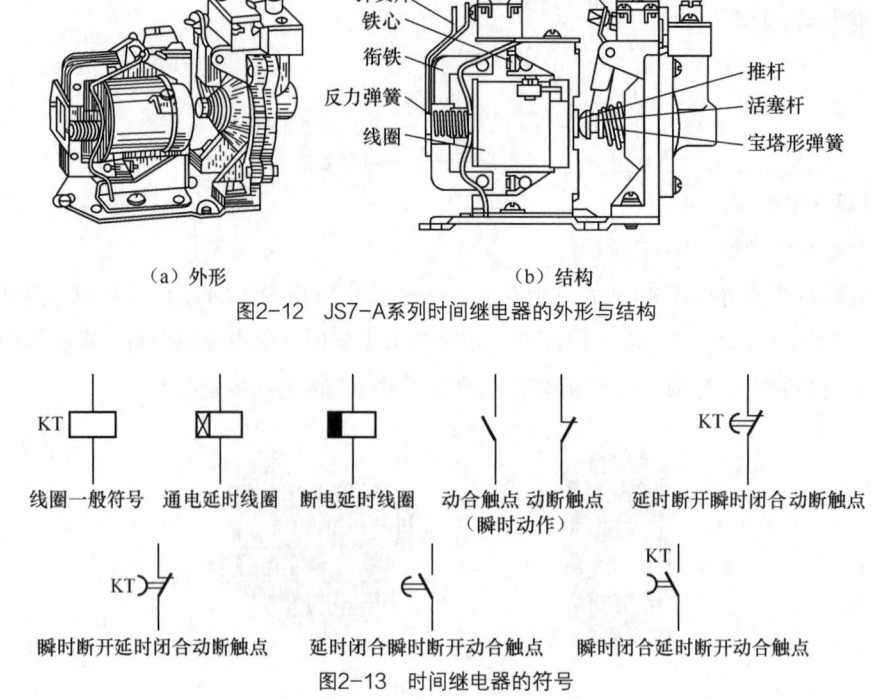

（a）外形　　　　　　　　（b）结构

图2-12　JS7-A系列时间继电器的外形与结构

KT　　线圈一般符号　　　通电延时线圈　　断电延时线圈　　动合触点 动断触点　　延时断开瞬时闭合动断触点
　　　　　　　　　　　　　　　　　　　　　　　　　　　（瞬时动作）

KT　　瞬时断开延时闭合动断触点　　延时闭合瞬时断开动合触点　　KT　瞬时闭合延时断开动合触点

图2-13　时间继电器的符号

3. 型号

以 JS7 系列为例，其型号说明如下。

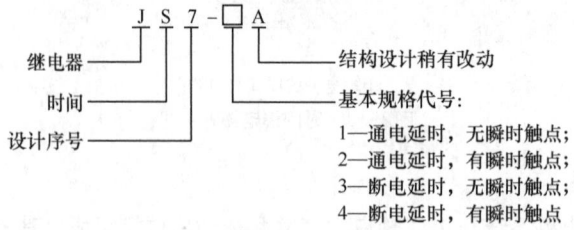

继电器 ——
时间 ——
设计序号 ——

J S 7 - □ A

—— 结构设计稍有改动
—— 基本规格代号：
　　1—通电延时，无瞬时触点；
　　2—通电延时，有瞬时触点；
　　3—断电延时，无瞬时触点；
　　4—断电延时，有瞬时触点

二、基本控制线路

（一）工作台自动往返控制线路

1. 工作任务

某机床工作台需自动往返运行，由三相异步电动机拖动，工作示意图如图 2-14 所示，其控制要求如下，根据要求完成控制电路的设计与安装。

（1）按下启动按钮，工作台开始前进，前进到终端后自动后退，退到原位又自动前进。

（2）要求能在前进或后退途中任意位置停止或启动。

（3）控制电路设有短路、失压、过载和位置极限保护。

2. 限位控制线路

限位控制线路如图 2-14 所示。图中的 SQ 为行程开关，装在预定的位置上。在工作台的梯形槽中装有撞块，当撞块移动到此位置时，碰撞行程开关，使其常闭触点断开，使工作台停止和换向，这样工作台就能实现往返运动。其中，撞块2只能碰撞SQ1和SQ3，撞块1只能碰撞SQ2和SQ4，工作台行程可通过移动撞块位置来调节，以适应加工不同的工件。

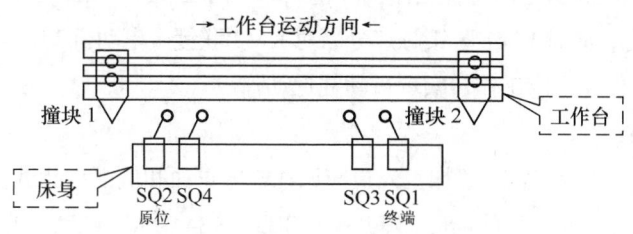

图2-14　工作台运动方向示意图

SQ1、SQ2装在机床床身上，用来控制工作台的自动往返。SQ3和SQ4分别安装在向右或向左的某个极限位置上，当SQ1或SQ2失灵时，工作台会继续向右或向左运动，当工作台运行到极限位置时，撞块就会碰撞SQ3和SQ4，从而切断控制线路，迫使电动机M停转，工作台就停止移动。SQ3和SQ4起到终端保护作用（即限制工作台的极限位置），因此称为终端保护开关，或简称终端开关。

3. 设计电路原理图

电路原理图如图2-15所示。

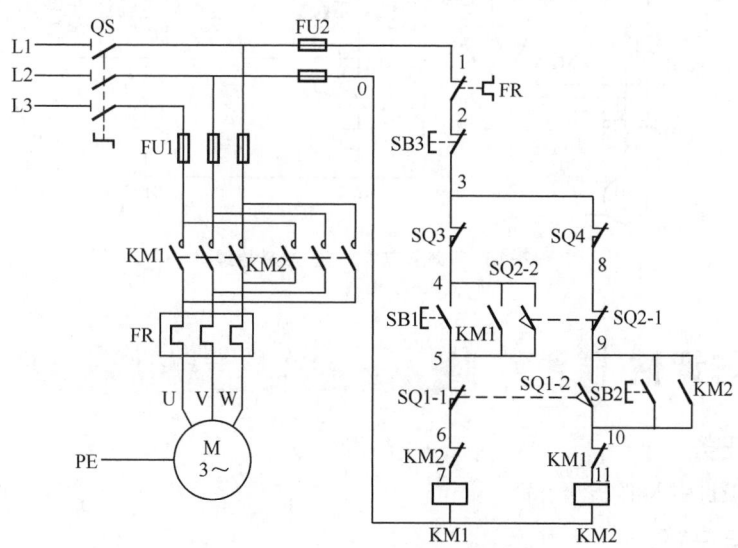

图2-15　工作台自动往返电气控制线路

4. 工作原理分析

先合上开关QS，按下SB1，KM1线圈得电，KM1自锁触点闭合自锁，KM1主触点闭合，同时KM1联锁触点分断对KM2联锁，电动机M启动连续正转，工作台向右运动。移至限定位置时，挡铁2碰撞位置开关SQ1，SQ1-1常闭触点先分断，KM1线圈失电，KM1自锁触点分断解除自锁，KM1主触点分断，KM1联锁触点恢复闭合解除联锁，电动机M失电停转，工作台停止右移。同时

SQ1-2 闭合，使 KM2 自锁触点闭合自锁，KM2 主触点闭合，同时 KM2 联锁触点分断对 KM1 联锁，电动机 M 启动连续反转，工作台左移（SQ1 触点复位）。移至限定位置时，挡铁 1 碰撞位置开关 SQ2，SQ2-1 先分断，KM2 线圈失电，KM2 自锁触点分断解除自锁，KM2 主触点分断，KM2 联锁触点恢复闭合解除联锁，电动机 M 失电停转，工作台停止左移，同时 SQ2-2 闭合，使 KM1 自锁触点闭合自锁，KM1 主触点闭合，同时 KM1 联锁触点分断对 KM2 联锁。电动机 M 启动连续正转，工作台向右运动，以此循环动作使机床工作台实现自动往返动作。

（二）多地控制线路

对于多数机床而言，因加工需要，加工人员应该在机床正面和侧面均能进行操作。如图 2-16 所示，SB1、SB2 为机床上正面、侧面两地总停开关；SB3、SB4 为 M1 电动机的两地正转启动控制，SB5、SB6 为 M2 电动机的两地反转启动控制。

可见，多地控制的原则是：启动按钮并联，停车按钮串联。

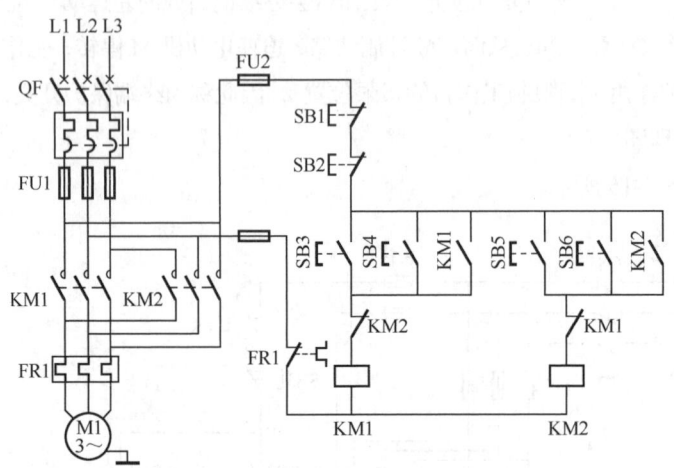

图2-16　两地控制电动机正反转原理图

项目实施与评估

一、项目任务

具体内容见项目引入部分。

二、计划与决策

1. 制定送料小车电气控制线路设计的方案，制定项目计划。列出元件清单，填入下表中。

序号	名称	型号	规格与主要参数	数量	备注
1					
2					
3					

续表

序号	名称	型号	规格与主要参数	数量	备注
4					
5					
6					
7					
8					

2. 设计送料小车电气控制线路的主电路和控制线路。

3. 画出送料小车电气控制线路的元件布置图。

三、项目实施

1. 送料小车电气控制线路主电路和控制线路的安装布线调试的步骤。

2. 系统安装调试时出现了什么问题？如何排除？

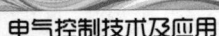

四、检查评估

1. 自我评价

个人签字：　　　　　　　　日期：

2. 组长评价

组长签字：　　　　　　　　日期：

3. 教师评价

教师签字：　　　　　　　　日期：

应用举例

一、电动机自动往返两边延时的控制线路

（1）在一些饲料自动加工厂，需要实现两地之间的装料与卸料，将装袋的饲料从 A 地运输到 B 地进行存储，装载与卸载需要相同的时间（5 s），现设计一个自动运输控制电路原理图。

如图 2-17 所示，该电路的设计思路是在自动往返控制电路的基础上增加时间的控制。在电路中使用了时间继电器 KT，在 A、B 两地使用 SQ1、SQ2 常开触点来控制时间继电器的接通与断开，实现两行程终点的延时。SB2、SB3 的常闭触点在电路中起到联锁保护，如果没有它的常闭触点，则需要增加一对时间继电器的延时常开触点来控制，而时间继电器只有一对常开触点。

中间继电器 KA 在电路中起到失压保护作用。如果没有中间继电器 KA，当送料小车运行到 A 或 B 点时，小车会压合行程开关 SQ1 或 SQ2，若电路突然停电后，当线路再次送电时，送料小车会因行程开关 SQ1 或 SQ2 被压使常开点闭合，接触器 KM1 或 KM2 线圈得电，电动机就会自行启动而造成事故。

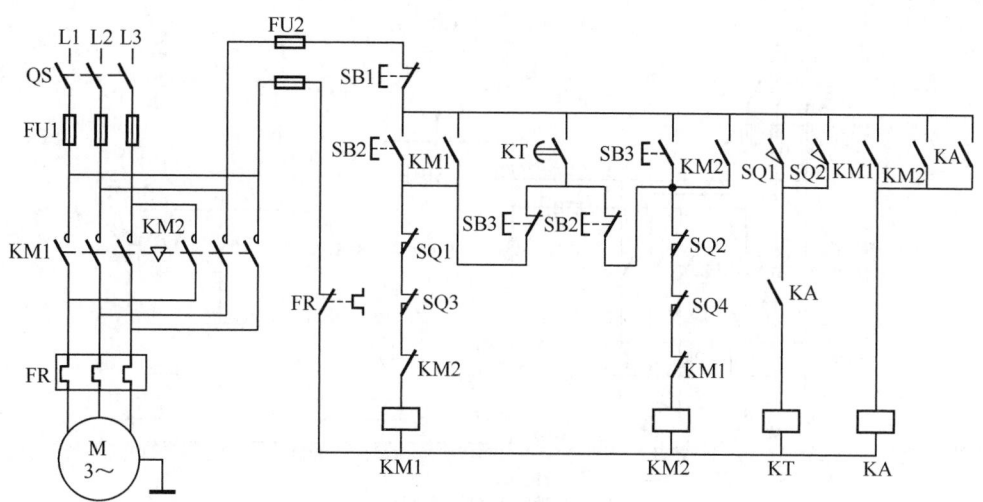

图2-17　自动往返控制原理图（一）

　　SQ1、SQ2 在线路中经常被小车碰压，是工作行程开关；SQ3、SQ4 是小车在两终点的限位保护开关，防止 SQ1、SQ2 失灵后小车会冲出预定的轨迹而出事故。

　　（2）如果上面控制的两行程终点停留时间不相同，就需要在电路中增加一个时间继电器来实现两行程终点停留时间的不同，电气原理图如图 2-18 所示。

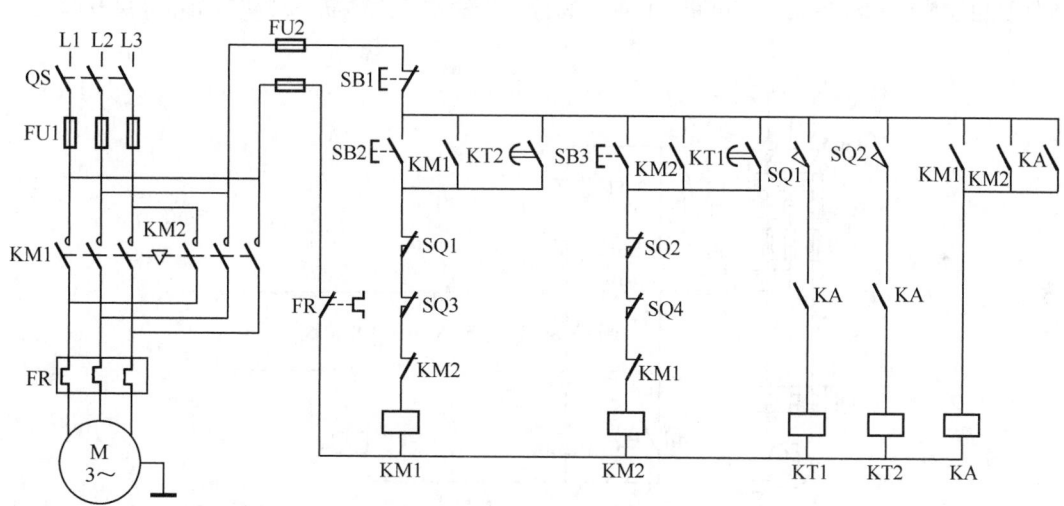

图2-18　自动往返控制原理图（二）

二、时间原则控制的两台电动机启、停控制线路

　　一个饲料加工厂在搅拌混合料时，按下启动按钮，先将各种配料通过皮带机送入混合罐中 3 s 后，皮带拖动电动机停止，搅拌电动机启动搅拌饲料 20 s 后停止。电气原理图如图 2-19 所示。

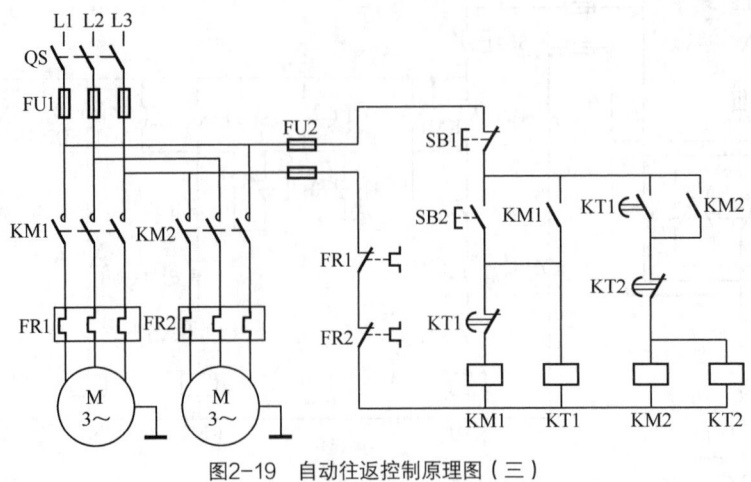

图2-19 自动往返控制原理图（三）

三、从两地实现一台电动机的连续—点动控制

设计一个控制电路，能在 A、B 两地分别控制同一台电动机单方向连续运行与点动控制，画出电气原理图。

1. 设计方法一

如图 2-20 所示，SB1、SB2 实现电动机的停车控制，SB3、SB4 实现电动机的点动控制，SB5、SB6 实现电动机的长车控制。在电路设计时，将停止按钮常闭点串联，启动按钮常开点并联。

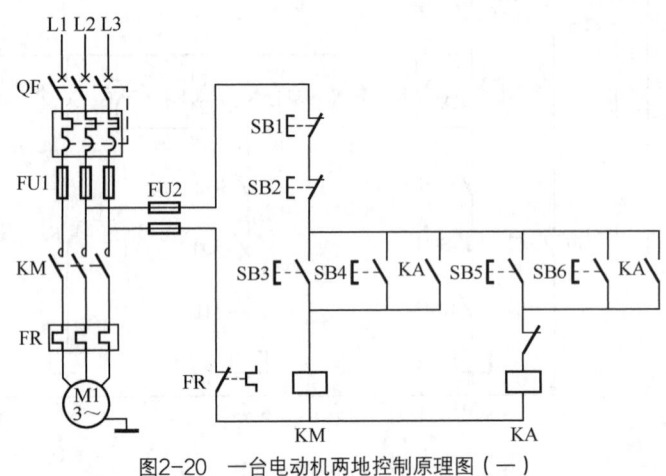

图2-20 一台电动机两地控制原理图（一）

2. 设计方法二

图 2-21 在设计时使用了一个中间继电器进行控制，也可以不用中间继电器进行控制，这样既可使电路元件减少，也可使电路可靠、故障率下降，在生产现场也是这样设计的。在电路设计时，将停止按钮常闭点串联，启动按钮常开点并联，启动按钮的常闭点串联在接触器自锁支路中，使电动

机在点动控制时自锁支路不起作用，其电气控制原理图如图 2-21 所示。

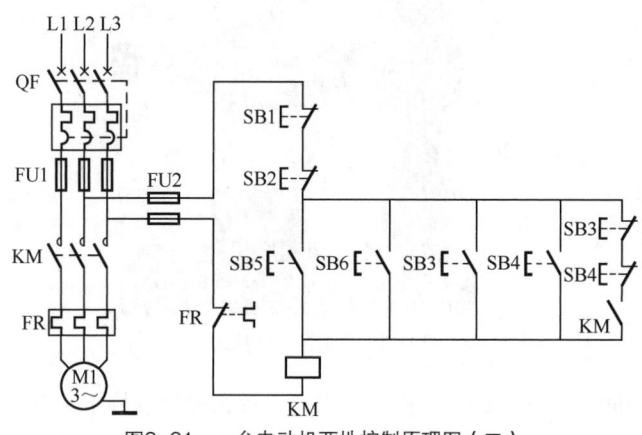

图2-21 一台电动机两地控制原理图（二）

四、Z3050 型摇臂钻床的电气控制

钻床是一种孔加工设备，可以用来进行钻孔、扩孔、铰孔、攻丝及修刮端面等多种形式的加工。按用途和结构分类，钻床可以分为立式钻床、台式钻床、多孔钻床、摇臂钻床及其他专用钻床等。在各类钻床中，摇臂钻床操作方便、灵活，适用范围广，具有典型性，特别适用于单件或批量生产带有多孔大型零件的孔加工，是一般机械加工车间常见的机床。

Z3050 型摇臂钻床是一种常见的立式钻床，适用于单件和成批生产加工多孔的大型零件。

该机床具有两套液压控制系统：一套是操纵机构液压系统；另一套是夹紧机构液压系统。前者安装在主轴箱内，用以实现主轴正反、停车制动、空挡、预选及变速；后者安装在摇臂背后的电器盒下部，用以夹紧和松开主轴箱、摇臂及立柱。

Z3050 型摇臂钻床的型号含义如下。

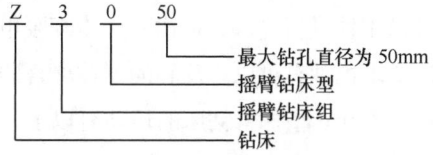

（一）Z3050 型摇臂钻床的主要构造和运动情况

摇臂钻床主要由底座、内立柱、外立柱、摇臂、主轴箱、主轴、工作台等组成。Z3050 型摇臂钻床外形如图 2-22 所示。内立柱固定在底座上，在它外面套着空心的外立柱，外立柱可绕着内立柱回转一周，摇臂一端的套筒部分与外立柱滑动配合，借助于丝杆，摇臂可沿着外立柱上下移动，但两者不能做相对转动，所以摇臂将与外立柱一起相对内立柱回转。

主轴箱是一个复合的部件，具有主轴和主轴旋转部件以及主轴进给的全部变速和操纵机构。主轴箱可沿着摇臂上的水平导轨做径向移动。当进行加工时，可利用特殊的夹紧机构将外立柱紧固在内立柱上，摇臂紧固在外立柱上，主轴箱紧固在摇臂导轨上，然后进行钻削加工。

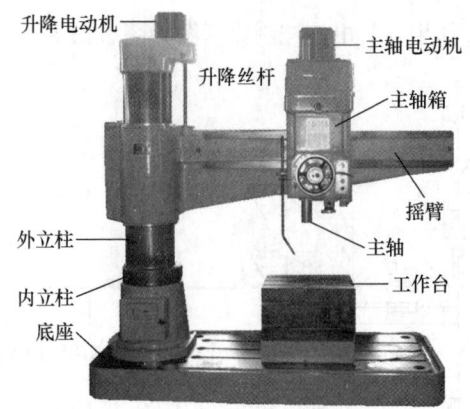

图2-22　Z3050摇臂钻床

　　根据工件高度的不同，摇臂借助于丝杆可以靠着主轴箱沿外立柱上下升降。在升降之前，应自动将摇臂与外立柱松开，再进行升降。当达到升降所需要的位置时，摇臂能自动夹紧在外立柱上。

（二）摇臂钻床的电力拖动特点及控制要求

　　（1）由于摇臂钻床的运动部件较多，为简化传动装置，使用多电动机拖动。主电动机承担主钻削及进给任务，摇臂升降、夹紧放松和冷却泵各用一台电动机拖动。

　　（2）为了适应多种加工方式的要求，主轴及进给应在较大范围内调速。但这些调速都是机械调速，用手柄操作变速箱调速，对电动机无任何调速要求。从结构上看，主轴变速机构与进给变速机构应该放在一个变速箱内，而且两种运动由一台电动机拖动是合理的。

　　（3）加工螺纹时要求主轴能正反转。摇臂钻床的正反转一般用机械方法实现，电动机只需单方向旋转。

　　（4）摇臂升降由单独的电动机拖动，要求能实现正反转。

　　（5）摇臂的夹紧与放松以及立柱的夹紧与放松由一台异步电动机配合液压装置来完成，要求这台电机能正反转。摇臂的回转和主轴箱的径向移动在中小型摇臂钻床上都采用手动。

　　（6）钻削加工时，为对刀具及工件进行冷却，需由一台冷却泵电动机拖动冷却泵输送冷却液。

　　钻床有时会用来攻丝，所以要求主轴有可以正反转的摩擦离合器来实现正反转运动，Z3050 型是靠机械转换实现正反转运动的。Z3050 型摇臂钻床的运动有以下几种。

　　① 主运动：主轴带动钻头的旋转运动。

　　② 进给运动：钻头的上下移动。

　　③ 辅助运动：主轴箱沿摇臂水平移动，摇臂沿外立柱上下移动和摇臂连同外立柱一起相对于内立柱回转。

（三）Z3050 型钻床电气控制线路分析及故障排除

　　图 2-23 所示是 Z3050 型摇臂钻床的电气控制线路的主电路和控制电路图。

　　1. 主电路分析

　　Z3050 型摇臂钻床共有 4 台电动机，除冷却泵电动机采用开关直接启动外，其余 3 台异步电动机均采用接触器直接启动。

M1 是主轴电动机，由交流接触器 KM1 控制，只要求单方向旋转，主轴的正反转由机械手柄操作。M1 装在主轴箱顶部，带动主轴及进给传动系统，热继电器 FR 是过载保护元件。

M2 是摇臂升降电动机，装在主轴顶部，用接触器 KM2 和 KM3 控制正反转。因为该电动机短时间工作，故不设过载保护电器。

M3 是液压泵电动机，可以做正向转动和反向转动。正向旋转和反向旋转的启动与停止由接触器 KM4 和 KM5 控制。热继电器 FR2 是液压油泵电动机的过载保护电器。该电动机的主要作用是供给夹紧装置压力油，实现摇臂和立柱的夹紧与松开。

M4 是冷却泵电动机，功率很小，由开关直接启动和停止。

2. 控制电路分析

（1）主轴电动机 M1 的控制。按下启动按钮 SB2，则接触器 KM1 吸合并自锁，使主电动机 M1 开始运行，同时指示灯 HL3 亮。按停止按钮 SB1，则接触器 KM1 释放，使主电动机 M1 停止旋转，同时指示灯 HL3 熄灭。

（2）摇臂升降控制。

① 摇臂上升。Z3050 型摇臂钻床摇臂的升降由 M2 拖动，SB3 和 SB4 分别为摇臂升、降的点动按钮，由 SB3、SB4 和 KM2、KM3 组成具有双重互锁的 M2 正反转点动控制电路。因为摇臂平时是夹紧在外立柱上的，所以在摇臂升降之前，先要把摇臂松开，再由 M2 驱动升降；摇臂升降到位后，再重新将其夹紧。摇臂的松、紧是由液压系统完成的。在电磁阀 YV 线圈通电吸合的条件下，液压泵电动机 M3 正转，正向供出压力油进入摇臂的松开油腔，推动松开机构使摇臂松开，摇臂松开后，行程开关 SQ2 动作、SQ3 复位；若 M3 反转，则反向供出压力油进入摇臂的夹紧油腔，推动夹紧机构使摇臂夹紧，摇臂夹紧后，行程开关 SQ3 动作、SQ2 复位。由此可见，摇臂升降的电气控制是与松紧机构液压与机械系统（M3 与 YV）的控制配合进行的。下面以摇臂的上升为例，分析控制的全过程。

按住摇臂上升按钮 SB3→SB3 动断触点断开，切断 KM3 线圈支路；SB3 动合触点闭合（1—5）→时间继电器 KT 线圈通电→KT 动合触点闭合（13—14），KM4 线圈通电，M3 正转；延时动合触点（1—17）闭合，电磁阀线圈 YV 通电，摇臂松开→行程开关 SQ2 动作→SQ2 动断触点（6—13）断开，KM4 线圈断电，M3 停转；SQ2 动合触点（6—8）闭合，KM2 线圈通电，M2 正转，摇臂上升→摇臂上升到位后松开 SB3→KM2 线圈断电，M2 停转；KT 线圈断电→延时 1～3 s，KT 动合触点（1—17）断开，YV 线圈通过 SQ3（1—17）→仍然通电；KT 动断触点（17—18）闭合，KM5 线圈通电，M3 反转，摇臂夹紧→摇臂夹紧后，压下行程开关 SQ3，SQ3 动断触点（1—17）断开，YV 线圈断电；KM5 线圈断电，M3 停转。

② 摇臂下降。摇臂的下降由 SB4 控制 KM3，使得 M2 反转来实现，其过程可自行分析。时间继电器 KT 的作用是在摇臂升降到位、M2 停转后，延时 1～3 s 再启动 M3 将摇臂夹紧，其延时时间视从 M2 停转到摇臂静止的时间长短而定。KT 为断电延时类型，在进行电路分析时应注意。

如上所述，摇臂松开由行程开关 SQ2 发出信号，而摇臂夹紧后由行程开关 SQ3 发出信号。

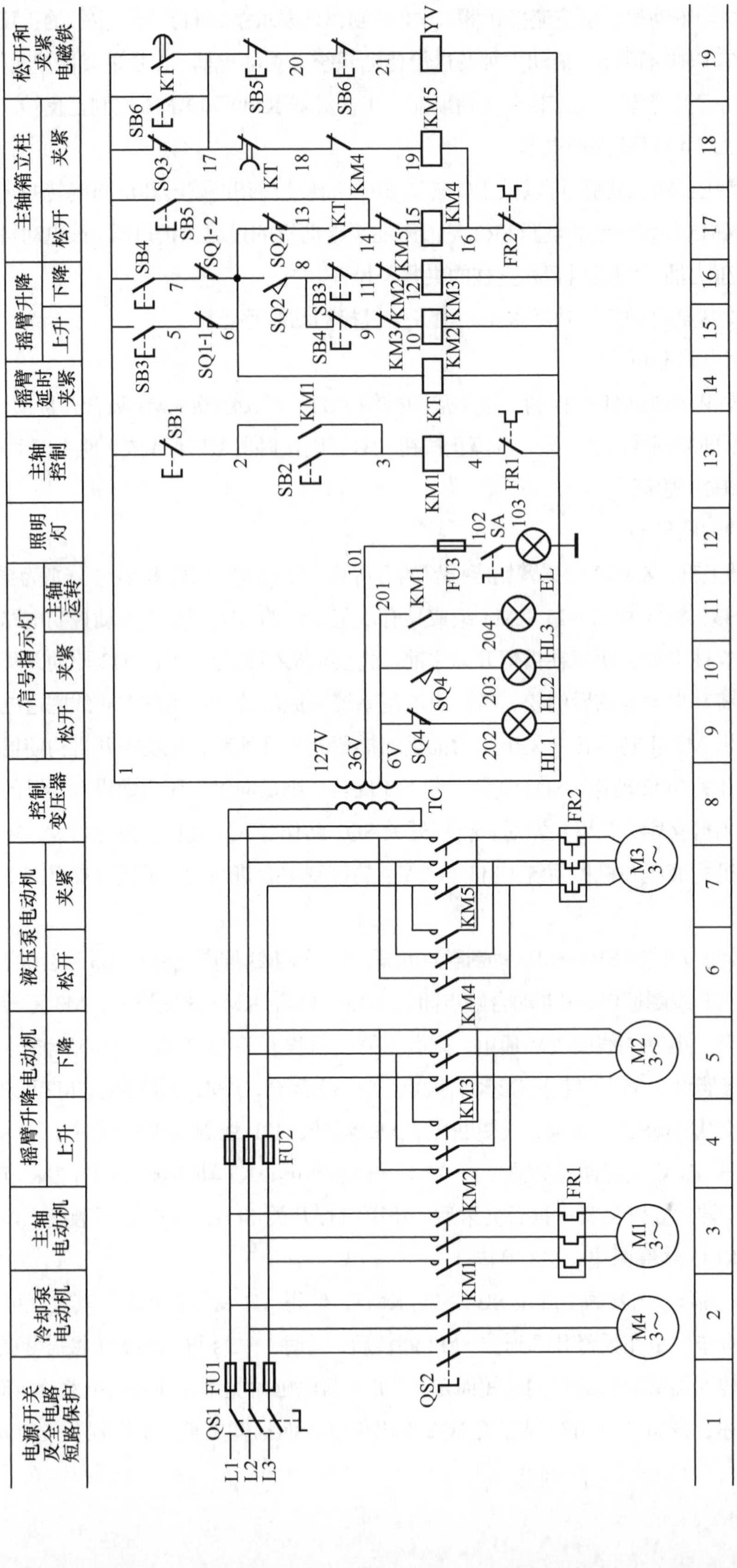

图2-23 Z3050型摇臂钻床电气原理图

如果夹紧机构的液压系统出现故障，摇臂夹不紧；或者因 SQ3 的位置安装不当，在摇臂已夹紧后 SQ3 仍不能动作，则 SQ3 的动断触点（1—17）长时间不能断开，使液压泵电动机 M3 出现长期过载，因此 M3 须由热继电器 FR2 进行过载保护。

摇臂升降的限位保护由行程开关 SQ1 实现，SQ1 有两对动断触点：SQ1—1（5—6）实现上限位保护，SQ1—2（7—6）实现下限位保护。

（3）主轴箱和立柱的松、紧控制。主轴箱和立柱的松、紧是同时进行的，SB5 和 SB6 分别为松开与夹紧控制按钮，由它们点动控制 KM4、KM5，进而控制 M3 的正、反转。由于 SB5、SB6 的动断触点（17—20—21）串联在 YV 线圈支路中，所以在操作 SB5、SB6 使 M3 点动作的过程中，电磁阀 YV 线圈不吸合，液压泵供出的压力油进入主轴箱和立柱的松开、夹紧油腔，推动松、紧机构实现主轴箱和立柱的松开、夹紧。同时，由行程开关 SQ4 控制指示灯发出信号：主轴箱和立柱夹紧时，SQ4 的动断触点（201—202）断开而动合触点（201—203）闭合，指示灯 HL1 灭，HL2 亮；反之，在松开时 SQ4 复位，HL1 亮而 HL2 灭。

3. Z3050 型钻床常见故障分析与处理方法

电气控制线路在运行中会发生各种故障，造成停机或事故而影响生产。因而，学会分析电气控制线路的故障所在，找出发生故障的原因，掌握迅速排除故障的方法是非常必要的。

一般工业用设备均由机械、电气两大部分组成，因而，其故障也多发生在这两个部分，尤其是电气部分，如电机绕组与电器线圈的烧毁，电器元件的绝缘击穿与短路等。然而，大多数电气控制线路故障是由于电器元件调整不当、动作失灵或零件损坏引起的，为此，应加强电气控制线路的维护与检修，及时排除故障，确保其安全运行。Z3050 型钻床常见故障分析与处理方法如下。

（1）摇臂不能上升（或下降）。

故障分析：

① 行程开关 SQ2 不动作，SQ2 的动合触点（6—8）不闭合，SQ2 安装位置移动或损坏。

② 接触器 KM2 线圈不吸合，摇臂升降电动机 M2 不转动。

③ 系统发生故障（如液压泵卡死、不转，油路堵塞等），使摇臂不能完全松开，压不上 SQ2。

④ 安装或大修后，相序接反，按 SB3 摇臂上升按钮，液压泵电动机反转，使摇臂夹紧，压不上 SQ2，摇臂也就不能上升或下降。

故障排除方法：

① 检查行程开关 SQ2 触点、安装位置或损坏情况，并予以修复。

② 检查接触器 KM2 或摇臂升降电动机 M2，并予以修复。

③ 检查系统故障原因、位置移动或损坏情况，并予以修复。

④ 检查相序，并予以修复。

（2）摇臂上升（下降）到预定位置后，摇臂不能夹紧。

故障分析：

① 限位开关 SQ3 安装位置不准确或紧固螺钉松动，使 SQ3 限位开关过早动作。

② 活塞杆通过弹簧片压不上 SQ3，其触点（1—17）未断开，使 KM5、YV 不断电释放。

③ 接触器 KM5、电磁铁 YV 不动作，电动机 M3 不反转。

故障排除方法：

① 调整 SQ3 的动作行程，并紧固好定位螺钉。

② 调整活塞杆、弹簧片的位置。

③ 检查接触器 KM5、电磁铁 YV 线路是否正常及电动机 M3 是否完好，并予以修复。

（3）立柱、主轴箱不能夹紧（或松开）。

故障分析：

① 按钮接线脱落、接触器 KM4 或 KM5 接触不良。

② 油路堵塞，使接触器 KM4 或 KM5 不能吸合。

故障排除方法：

① 检查按钮 SB5、SB6 和接触器 KM4、KM5 是否良好，并予以修复或更换。

② 检查油路堵塞情况，并予以修复。

（4）按 SB6 按钮，立柱、主轴箱能夹紧，但放开按钮后，立柱、主轴箱却松开。

故障分析：

① 菱形块或承压块的角度方向错位，或者距离不适合。

② 菱形块立不起来，因为夹紧力调得太大或夹紧液压系统压力不够所致。

故障排除方法：

① 调整菱形块或承压块的角度与距离。

② 调整夹紧力或液压系统压力。

（5）摇臂上升或下降行程开关失灵。

故障分析：

① 行程开关触点不能随开关动作而闭合或接触不良，线路断开后，信号不能传递。

② 行程开关损坏、不动作或触点粘连，使线路始终呈接通状态（此情况下，当摇臂上升或下降到极限位置后，摇臂升降电动机堵转，发热严重时，会导致电动机绝缘损坏）。

故障排除方法：

检查行程开关接触情况，并予以修复或更换。

（6）主轴电动机刚启动运转，熔断器就熔断。

故障分析：

① 机械机构卡住或钻头被铁屑卡住。

② 负荷太重或进给量太大，使电动机堵转，造成主轴电动机电流剧增，热继电器来不及动作。

③ 电动机故障或损坏。

故障排除方法：

① 检查卡住原因，并予以修复。

② 退出主轴，根据空载情况找出原因，并予以调整与处理。

③ 检查电动机故障原因，并予以修复或更换。

本项目从介绍某一采石场一台装料小车的控制和设计要求出发，引出完成该项目所需的相关知识，介绍了相关的电气控制器件，如位置开关、转换开关、时间继电器等；以基本控制的形式介绍了电动机自动往返控制、多地控制；进一步以应用举例的形式扩展介绍了电动机自动往返两边延时控制，从两处实现一台电动机实现连续—点动控制，时间原则控制的两台电动机启、停控制。

本项目还介绍了摇臂钻床的结构、运动形式、电力拖动与控制要求，对 Z3050 型摇臂钻床电气控制线路进行了分析。最后对 Z3050 型摇臂钻床的常见故障进行了分析和处理。

1. 画出时间继电器通电延时触点的符号。

2. 试描述按钮开关的结构原理，并画出文字和图形符号。

3. 什么是行程控制？什么是时间控制？

4. 在电动机控制电路中，能否用热继电器起短路保护作用？为什么？

5. 在电动机的电路中能否用熔断器作电动机的过载保护？为什么？

6. 试设计电动机正反转点动—连续的控制线路。

7. 有 2 台电动机 M1 和 M2，要求：（1）M1 先启动，经过 10 s 后 M2 启动；（2）M2 启动后，M1 立即停止。试设计其控制线路。

8. Z3050 型摇臂钻床摇臂不能上升的原因有哪些？

9. Z3050 型摇臂钻床摇臂下降后夹不紧是什么原因？

10. 某机床的异步电动机为 JO4-52-6 型，$P_N = 5.5\text{kW}$，$U_N = 380\text{V}$，$I_N = 12.6\text{A}$，$I_q = 6.5 I_N$，用组合开关作为电源开关，试选择组合开关、按钮、接触器、热继电器、熔断器。

项目三

X62W 型万能铣床电气控制线路

【学习目标】

1. 熟悉自动开关、电磁离合器的工作原理、特点及其在机床电气控制中的应用。
2. 能分析并设计 Y—△、自耦变压器等降压启动控制线路。
3. 能完成 Y—△降压启动控制线路的安装调试与运行。
4. 了解 X62W 型万能铣床的主要结构和运动形式，并熟悉铣床的基本操作过程。
5. 能检修转换开关、电磁离合器的电气故障。
6. 掌握 X62W 型万能铣床电气控制线路工作原理并能排除 X62W 万能铣床的常见电气故障。
7. 能够识读及分析 M7130 型平面磨床的电气原理图。
8. 会分析并排除 M7130 型平面磨床的常见电气故障。

项目引入

子项目：异步电动机 Y—△降压启动控制线路安装与调试和运行。

一、任务描述

1. 异步电动机 Y—△降压启动控制线路，电动机启动时电动机接成 Y 接法，5s 后电动机接成△正常运行。根据设计的主电路进行线路的安装与调试和运行。

2. 分析 X62W 型万能铣床或 M7130 型平面磨床电气控制主电路和控制线路的动作过程。

二、控制要求

1. 根据 Y—△降压启动的主电路、控制电路设计出元件布置图。

2. 对异步电动机 Y—△降压启动控制线路进行安装调试。

3. 分析 X62W 型万能铣床或 M7130 型平面磨床电气控制线路的主电路和控制线路。

4. 有短路、过载等完善的保护。

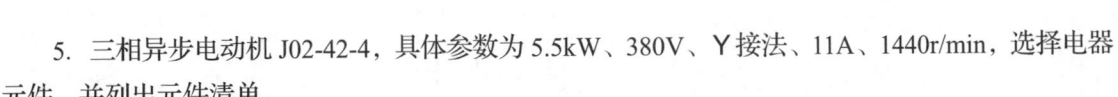

5. 三相异步电动机 J02-42-4，具体参数为 5.5kW、380V、Y 接法、11A、1440r/min，选择电器元件，并列出元件清单。

｜相关知识

一、电气控制器件

（一）自动空气开关、漏电开关

低压断路器即低压自动空气开关，又称自动空气断路器，可实现电路的短路、过载、失电压与欠电压保护，能自动分断故障电路，是低压配电网络和电力拖动系统中常用的重要保护电器之一。

低压断路器具有操作安全、工作可靠、动作值可调、分断能力较高等优点，因此得到广泛应用。

1. 结构及工作原理

塑料外壳式低压断路器原称为装置式自动空气式断路器。它把所有的部件都装在一个塑料外壳里，结构紧凑、安全可靠、轻巧美观、可以独立安装。它的形式很多，以前最常用的是 DZ10 型，较新的还有 DZX10、DZ20 等。在电气控制线路中，主要采用的是 DZ5 型和 DZ10 系列低压断路器。

（1）DZ5-20 型低压断路器。DZ5-20 型低压断路器为小电流系列，其外形和结构如图 3-1 所示。断路器主要由动触点、静触点、灭弧装置、操作机构、热脱扣器、电磁脱扣器及外壳等部分组成。其结构采用立体布置，操作机构在中间，上面是由加热元件和双金属片等构成的热脱扣器，用于过载保护。热脱扣器还配有电流调节装置，可以调节整定电流。下面是由线圈和铁心等组成的电磁脱扣器，作短路保护。电磁脱扣器也有一个电流调节装置，用于调节瞬时脱扣整定电流。主触点在操作机构后面，由动触点和静触点组成，配有栅片灭弧装置，用以接通和分断主回路的大电流。另外，还有动合辅助触点、动断辅助触点各一对。动合触点、动断触点指的是在电器没有外力作用、没有带电时触点的自然状态。当接触器未工作或线圈未通电时处于断开状态的触点称为动合触点（有时称常开触点），处于接通状态的触点称为动断触点（有时称常闭触点）。辅助触点可作为信号指示或控制电路用。主触点、辅助触点的接线柱均伸出壳外，以便接线。在外壳顶部还伸出接通（绿色）和分断（红色）按钮，通过储能弹簧和杠杆机构实现断路器的手动接通和分断操作。

断路器的工作原理如图 3-2 所示。使用时，断路器的 3 副主触点串联在被控制的三相电路中，按下接通按钮时，外力使锁扣克服反作用弹簧的反力，将固定在锁扣上面的动触点与静触点闭合，并由锁扣锁住搭钩使动静触点保持闭合，开关处于接通状态。

当线路发生过载时，过载电流流过热元件产生一定的热量，使双金属片受热向上弯曲，通过杠杆推动搭钩与锁扣脱开，在反作用弹簧的推动下，动、静触点分开，从而切断电路，使用电设备不致因过载而烧毁。

当线路发生短路故障时，短路电流超过电磁脱扣器的瞬时脱扣整定电流，电磁脱扣器产生足够大的吸力将衔铁吸合，通过杠杆推动搭钩与锁扣分开，从而切断电路，实现短路保护。低压断路器出厂时，电磁脱扣器的瞬时脱扣整定电流一般整定为 $10I_N$（I_N 为断路器的额定电流）。

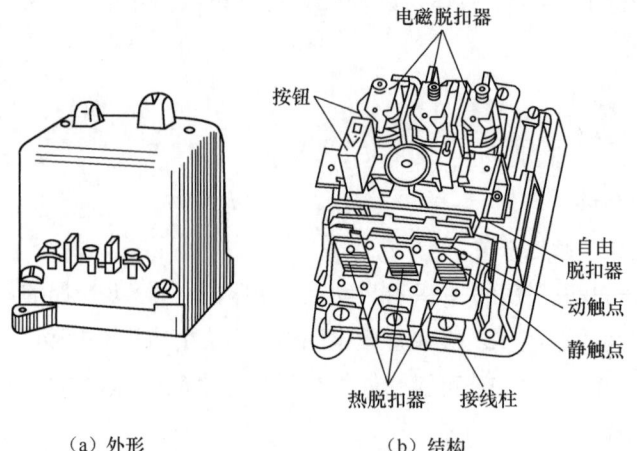

（a）外形   （b）结构

图3-1   DZ5-20型低压断路器

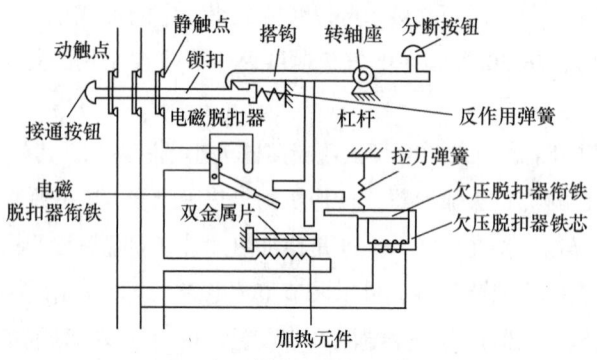

图3-2   低压断路器工作原理示意图

欠压脱扣器的动作过程与电磁脱扣器恰好相反。需手动分断电路时，按下分断按钮即可。

（2）DZ10型低压断路器。DZ10系列为大电流系列，其额定电流的等级有100 A、250 A、600 A这3种，分断能力为7～50 kA。在机床电气系统中常用250 A以下的等级作为电气控制柜的电源总开关。通常将其装在控制柜内，操作手柄伸在外面，露出"分"与"合"的字样。

DZ10型低压断路器可根据需要设装设热脱扣器（用双金属片作过负荷保护）、电磁脱扣器（只作短路保护）和复式脱扣器（可同时实现过负荷保护和短路保护）。

DZ10型低压断路器的操作手柄有以下3个位置。

① 合闸位置。手柄向上扳，跳钩被锁扣扣住，主触点闭合。

② 自由脱扣位置。跳钩被释放（脱扣），手柄自动移至中间，主触点断开。

③ 分闸和再扣位置。手柄向下扳，主触点断开，使跳钩又被锁扣扣住，从而完成了"再扣"的动作，为下一次合闸做好了准备。如果断路器自动跳闸后，不把手柄扳到再扣位置（即分闸位置），则不能直接合闸。

DZ10型低压断路器采用钢片灭弧栅，因为脱扣机构的脱扣速度快，灭弧时间短，一般断路时间不超过一个周期（0.02 s），断流能力就比较大。

（3）漏电保护断路器。漏电保护断路器通常称为漏电开关，是一种安全保护电器元件，在线路或设备出现对地漏电或人身触电时，迅速自动断开电路，能有效地保证人身和线路的安全。电磁式电流动作型漏电断路器结构如图 3-3 所示。

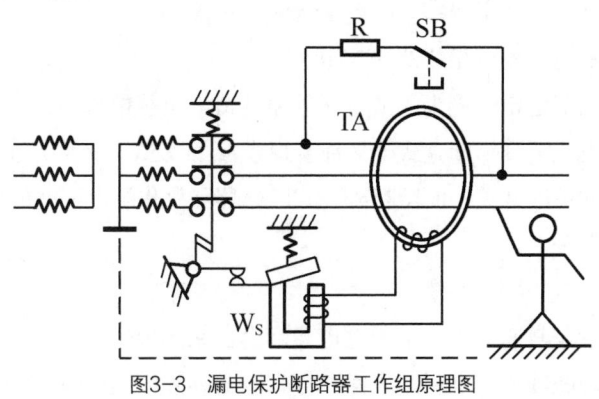

图3-3　漏电保护断路器工作组原理图

漏电保护断路器主要由零序互感器 TA、漏电脱扣器 W_S、试验按钮 SB、操作机构和外壳组成。实质上，漏电保护断路器就是在一般的自动开关中增加一个能检测电流的感受元件零序互感器和漏电脱扣器。零序互感器是一个环形封闭的铁心，主电路的三相电源线均穿过零序互感器的铁心，为互感器的一次绕组；环形铁心上绕有二次绕组，其输出端与漏电脱扣器的线圈相接。在电路正常工作时，无论三相负载电流是否平衡，通过零序电流互感器一次侧的三相电流相量和为零，二次侧没有电流。当出现漏电和人身触电时，漏电或触电电流将经过大地流回电源的中性点，因此零序电流互感器一次侧三相电流的相量和就不为零，互感器的二次侧将感应出电流，此电流通过使漏电脱扣器线圈动作，低压断路器分闸将切断主电路，从而保证了人身和电气安全。

为了经常检测漏电开关的可靠性，开关上设有试验按钮，与一个限流电阻 R 串联后跨接于两相线路上。当按下试验按钮后，如果漏电断路器立即分闸，则证明该开关的保护功能良好。

2. 符号

低压断路器在电路图中的符号如图 3-4 所示。

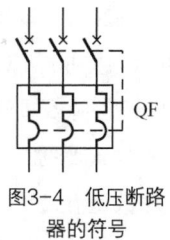

图3-4　低压断路器的符号

3. 型号

低压断路器的型号说明如下。

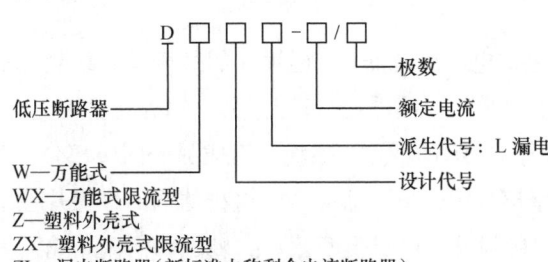

4. 选择

选择低压断路器时主要从以下几方面考虑。

（1）断路器额定电压、额定电流应大于或等于线路、设备的正常工作电压、工作电流。

（2）断路器极限通断能力大于或等于线路最大短路电流。

（3）欠电压脱扣器额定电压等于线路额定电压。

（4）过电流脱扣器的额定电流应大于或等于线路的最大负载电流。

低压断路器按结构形式可分为塑壳式（又称装置式）、框架式（又称万能式）两大类。框架式断路器主要用作配电网络的保护开关，而塑料外壳式断路器除用作配电网络的保护开关外，还用作电动机、照明线路的控制开关。

（二）电磁离合器

铣床工作的快速进给与常速进给皆是通过电磁离合器来实现的。

电磁离合器又称电磁联轴节，是利用表面摩擦和电磁感应原理在两个旋转运动的物体间传递力矩的执行元件。电磁离合器便于远距离控制，控制能量小，动作迅速、可靠，结构简单，因此广泛用于机床的自身控制，铣床上采用的是摩擦式电磁离合器。

电磁离合器的工作原理是，电磁离合器的主动部分和从动部分借助接触面的摩擦作用，或是用液体作为介质（液力耦合器），或是用磁力传动（电磁离合器）来传动转矩，使两者之间可以暂时分离，又逐渐接合，在传动过程中又允许两部分相互转动。

摩擦式电磁离合器按摩擦片数量可以分为单片式与多片式两种，机床上普遍采用多片式电磁离合器。在离合器主动轴的花键轴端，装有主动摩擦片，可以沿轴向自由移动，但因是花键连接，故将随主轴一起转动，从动摩擦片与主动摩擦片交替叠装，其外缘凸起部分卡在从动齿轮固定在一起的套筒内，因而可以随从动齿轮转动，但可以不随主动轴转动。

当线圈通电后产生磁场，将摩擦片吸向铁心，衔铁也被吸住，紧紧压住各摩擦片，于是，依靠主动摩擦片与从动摩擦片之间的摩擦力使从动齿轮随主动轴转动，实现力矩的传递。当电磁离合器线圈电压达到额定值时的85%～105%时，离合器就能可靠地工作。当线圈断电时，装在内外摩擦片之间的圆桩弹簧使衔铁和摩擦片复原，离合器便失去传递力矩的作用。

多片式摩擦电磁离合器具有传递力矩大、体积小、容易安装的优点。多片式电磁离合器的摩擦片数量在2～12片时，随着片数的增加，传递力矩也增加，但片数大于12片后，由于磁路气隙增大等原因，传递的力矩会因而减少，因此，多片式电磁离合器的摩擦片以 2～12 片最为合适。

图 3-5 所示为线圈旋转（带滑环）多片摩擦式电磁离合器，在磁轭 4 的外表面和线圈槽中分别用环氧树脂固连滑环 5 和励磁线圈 6，线圈引出线的一端焊在滑环上，另一端焊在磁轭上接地。外连接件 1 与外摩擦片组成回转部分，内摩擦片与传动轴套 7、磁轭 4 组成另一回转部分。当线圈通电时，衔铁 2 被吸引沿花键套右移压紧摩擦片组，离合器接合。这种结构的摩擦片位于励磁线圈产生的磁力线回路内，因此需用导磁材料制成。由于受摩擦片的剩磁和涡流影响，其脱开时间较非导磁摩擦片长，常在湿式条件下工作，因而广泛用于远距离控制的传动系统和随动

系统中。

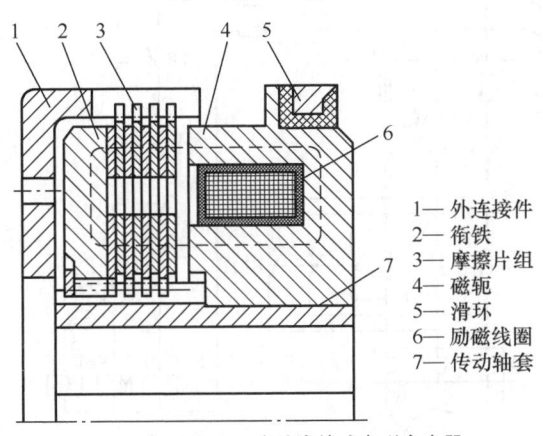

1—外连接件
2—衔铁
3—摩擦片组
4—磁轭
5—滑环
6—励磁线圈
7—传动轴套

图3-5　多片摩擦式电磁离合器

摩擦片处在磁路外的电磁离合器，摩擦片既可用导磁材料制成，也可用摩擦性能较好的铜基粉末冶金等非导磁材料制成，或在钢片两侧面黏合具有高耐磨性、韧性而且摩擦因数大的石棉橡胶材料，可在湿式或干式情况下工作。

为了提高导磁性能和减少剩磁影响，磁轭和衔铁可用电工纯铁或 08 号、10 号低碳钢制成，滑环一般用淬火钢或青铜制成。

二、基本控制线路——三相异步电动机降压启动控制电路

在前面章节讲述电动机正转和正反转等各种控制线路启动时，加在电动机定子绕组上的电压为额定电压，属于全压启动（直接启动）。直接启动电路简单，但启动电流大 $[I_{ST}=（4\sim7）I_N]$，将对电网其他设备造成一定的影响，因此当电动机功率较大时（大于 7 kW），需采取降压启动方式启动，以降低启动电流。

所谓降压启动，就是利用某些设备或者采用电动机定子绕组换接的方法，降低启动时加在电动机定子绕组上的电压，而启动后再将电压恢复到额定值，使之在正常电压下运行。因为电枢电流和电压成正比，所以降低电压可以减小启动电流，不致在电路中产生过大的电压降，减少对电路电压的影响，不过，因为电动机的电磁转矩和端电压平方成正比，所以电动机的启动转矩也就减小了，因此，降压启动一般需要在空载或轻载下启动。

三相笼型异步电动机常用的降压启动方法有定子串电阻（或电抗）、Y—△降压、自耦变压器启动几种，虽然方法各异，但目的都是为了减小启动电流。

（一）定子串电阻降压启动

图 3-6 所示为定子串电阻降压启动控制电路，电动机启动时在三相定子电路中串接电阻，使电动机定子绕组电压降低，启动后再将电阻短路，电动机仍然在正常电压下运行。这种启动方式由于不受电动机接线形式的限制，设备简单，因而在中小型机床中也有应用，机床中也常用这种串接电阻的方法限制点动调整时的启动电流。

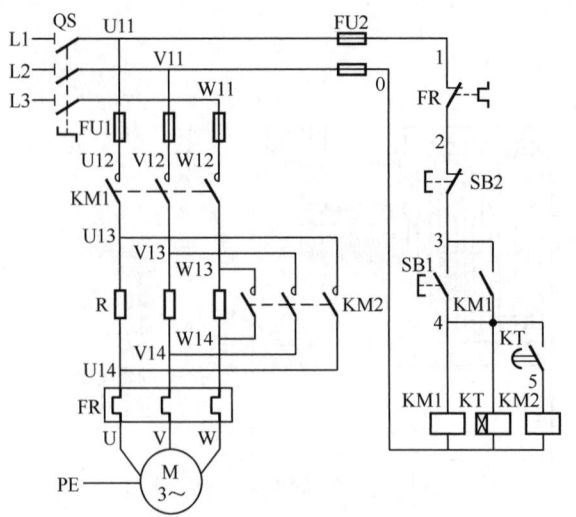

图3-6 定子串电阻降压启动控制电路

电路的工作原理：先合上电源开关 QS，再按以下步骤完成。

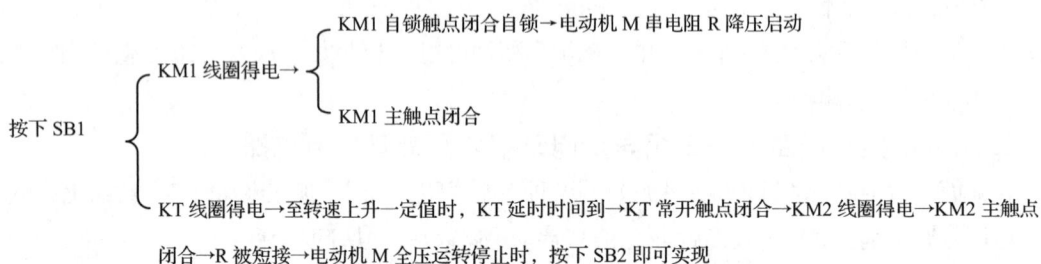

由以上分析可见，当电动机 M 全压正常运转时，接触器 KM1 和 KM2、时间继电器 KT 的线圈均需长时间通电，从而使能耗增加，电器元件寿命缩短。为此，可以对图 3-6 所示的控制电路改进，KM2 的 3 对主触点不是直接并接在启动电阻 R 两端，而是把接触器 KM1 的主触点也并接进去，这样接触器 KM1 和时间继电器 KT 只作短时间的降压启动，待电动机全压运转后就全部从线路中切除，从而延长了接触器 KM1 和时间继电器 KT 的使用寿命，节省了电能，提高了电路的可靠性（读者可自行设计控制电路）。

定子串电阻降压启动电路中的启动电阻一般采用由电阻丝绕制的板式电阻或铸铁电阻，电阻功率大，能够通过较大电流，但功耗较大，为了降低能耗可采用电抗器代替电阻。

（二）Y—△降压启动

定子绕组接成Y形时，由于电动机每相绕组额定电压只为△形接法的 $1/\sqrt{3}$，电流为△形接法的 1/3，电磁转矩也为△形接法的 1/3。因此，对于△形接法运行的电动机，在电动机启动时，先将定子绕组接成Y形，实现了降压启动，减小启动电流，当启动即将完成时再换接成△形，各相绕组承受额定电压工作，电动机进入正常运行，故这种降压启动方法称为Y—△降压启动，如图 3-7 所示。

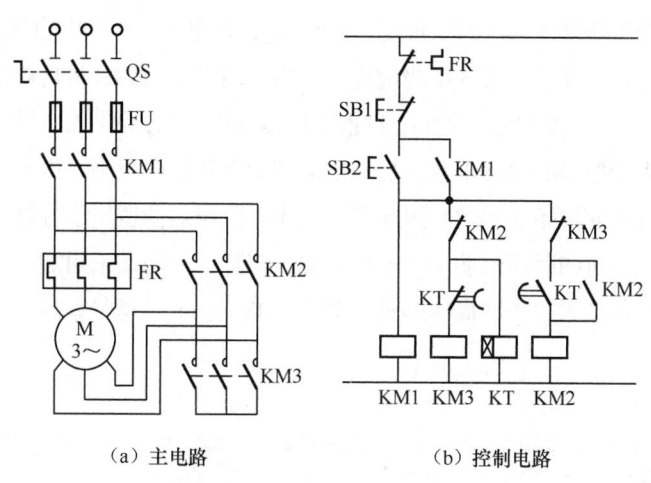

（a）主电路　　　　　　　　　（b）控制电路

图3-7　Y—△降压启动控制电路

图 3-7 所示为 Y—△降压启动控制电路，图中主电路由 3 组接触器主触点分别将电动机的定子绕组接成△和 Y 形，即 KM1、KM3 主触点闭合时，绕组接成 Y 形，KM1、KM2 主触点闭合时，接为△，两种接线方式的切换要在很短的时间内完成，在控制电路中采用时间继电器实现定时自动切换。

控制线路工作过程：先合上电源开关 QS，再按以下步骤操作。

（1）Y 降压启动△运行。

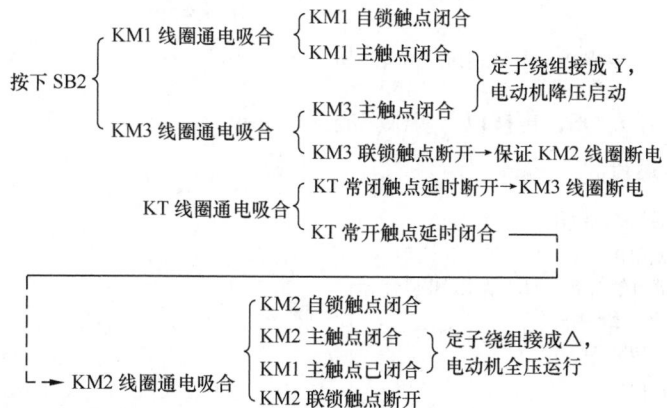

（2）停止。

按下 SB1→控制电路断电→KM1、KM2、KM3 线圈断电释放→电动机 M 断电停车。

用 Y—△降压启动时，由于启动转矩降低很多，因此只适用于轻载或空载下启动的设备上。此法最大的优点是所需设备较少，价格低，因而获得较广泛的应用。由于此法只能用于正常运行时为△接法的电动机上，因此我国生产的 JO2 系列、Y 系列、Y2 系列三相笼型异步电动机，凡功率在 4kW 及以上者，正常运行时都采用△接法。

（三）自耦变压器降压启动

自耦变压器降压启动是利用自耦变压器来降低加在电动机三相定子绕组上的电压，达到限制启

动电流的目的。自耦变压器降压启动时（如图 3-8 所示），将电源电压加在自耦变压器的高压绕组，而电动机的定子绕组与自耦变压器的低压绕组连接。当电动机启动后，将自耦变压器切除，电动机定子绕组直接与电源连接，在全电压下运行。自耦变压器降压启动比 Y—△ 降压启动的启动转矩大，并且可用抽头调节自耦变压器的变比以改变启动电流和启动转矩的大小。由于这种启动需要一个庞大的自耦变压器，并且不允许频繁启动，因此自耦变压器降压启动适用于容量较大但不能用 Y—△ 降压启动方法启动的电动机的降压启动。一般自耦变压器降压启动是采用成品的补偿降压启动器，包括手动、自动两种操作形式，手动操作的补偿器有 QJ3、QJ5 等型号，自动操作的有 XJ01 型和 CTZ 系列等。

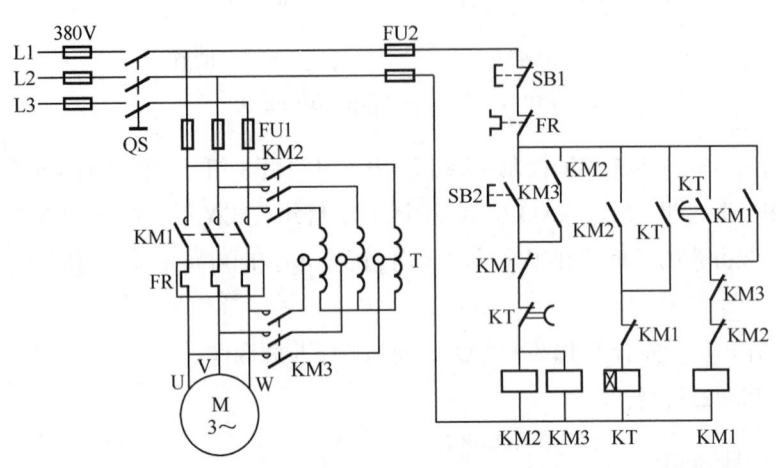

图3-8　自耦变压器降压启动控制电路图

控制线路工作过程：先合上电源开关 QS，再按以下步骤完成。

（1）自耦变压器降压启动，全压运行。

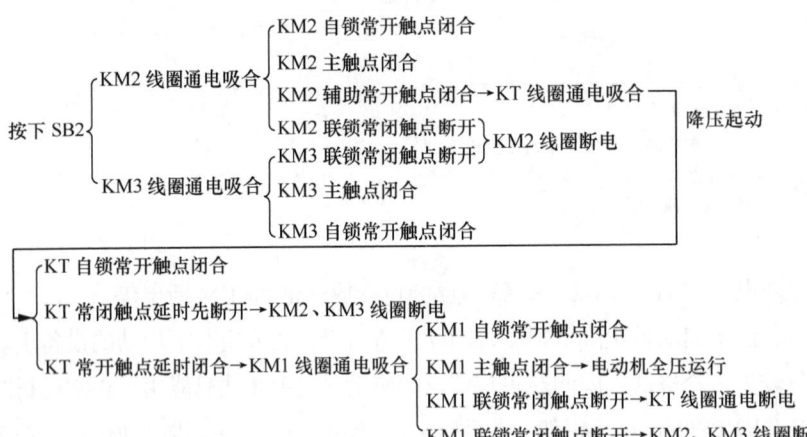

（2）停止。

按下 SB1→控制电路断电→KM1、KM2、KM3 线圈断电释放→电动机 M 断电停车。

项目实施与评估

一、项目任务

完成 Y—△降压启动控制线路的安装调试和运行。

二、计划与决策

1. 制定 Y—△降压启动电气控制线路的安装调试和运行的方案，制定项目计划单。确定元件明细，填入下表中。

序号	名称	型号	规格与主要参数	数量	备注
1					
2					
3					
4					
5					
6					
7					
8					

2. 画出 Y—△降压启动电气控制线路的主电路和控制线路。

3. 设计出 Y—△降压启动电气控制线路的元件布置图。

三、项目实施

1. Y—△降压启动电气控制线路的安装布线步骤。

2. Y—△降压启动电气控制线路安装时出现了什么问题？如何排除？

3. Y—△降压启动电气控制线路主电路和控制线路的运行调试步骤。

四、检查评估

1. 自我评价

个人签字：　　　　　　　日期：

2. 组长评价

组长签字：　　　　　　　日期：

3. 教师评价

教师签字：　　　　　　　日期：

应用举例

一、顺序控制

一般机床是由多台电动机来实现机床的机械拖动与辅助运动控制的，为了满足机床的特殊控制要求，在启动与停车时需要电动机按一定的顺序来启动与停车。下面是多台启动与停车的顺序控制电路的原理图。

1. 先启后停控制线路

对于某处机床，要求在加工前先给机床提供液压油，使机床床身导轨进行润滑，或是提供机械运动的液压动力。这就要求先启动液压泵后才能启动机床的工作台拖动电动机或主轴电动机；当机床停止时要求先停止拖动电动机或主轴电动机，才能让液压泵停止。其电气原理图如图 3-9 所示。

2. 先启先停控制电路

在有的特殊控制中，要求 A 电动机先启动后才能启动 B，当 A 停止后 B 才能停止。其电气控制原理图如图 3-10 所示。

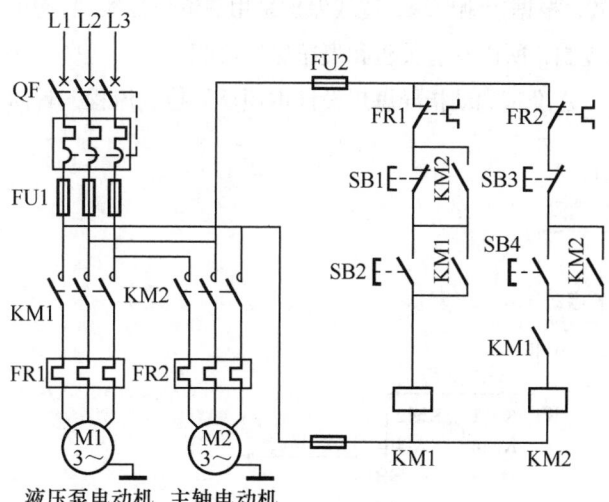

图3-9　电动机先启后停控制原理图

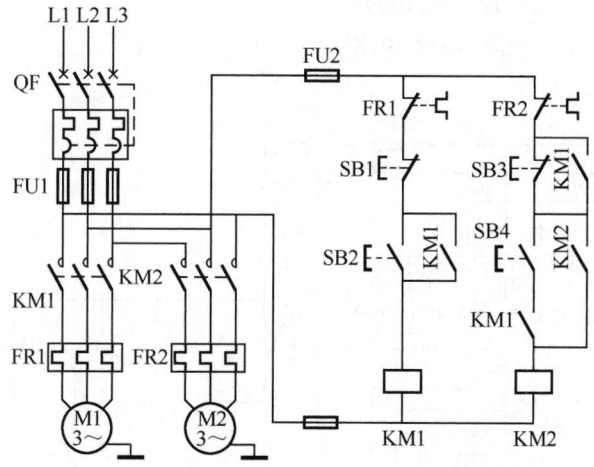

图3-10　电动机先启先停控制原理图

二、三相异步电动机正反转丫—△降压启动控制线路

1. 工作任务

有一台皮带运输机，由一台电动机拖动，电动机功率为 7.5 kW，380 V，△接法，额定转速为 1 440 r/min，控制要求如下，完成其控制电路的设计与安装。

（1）系统启动平稳且启动电流应较小，以减小对电网的冲击。

（2）系统可实现连续正反转。

（3）有短路、过载、失压和欠压保护。

2. 任务分析

（1）启动方案的确定。生产机械所用电动机功率为 7.5 kW，△接法，因此在综合考虑性价比的情况下，选用丫—△降压启动方法实现平稳启动。启动时间由时间继电器设定。

（2）电路保护的设置。根据控制要求，过载保护采用热继电器实现，短路保护采用熔断器实现，因为采用接触器继电器控制，所以具有欠压和失压保护功能。

（3）根据正反向丫—△降压启动指导思想设计本项目的控制流程，具体如下。

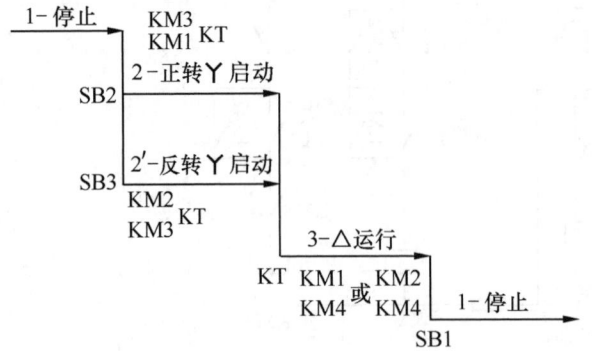

3. 任务实施

（1）正反向丫—△降压启动控制电路的设计。

① 根据工作流程图设计相应的控制电路图，如图 3-11 所示。

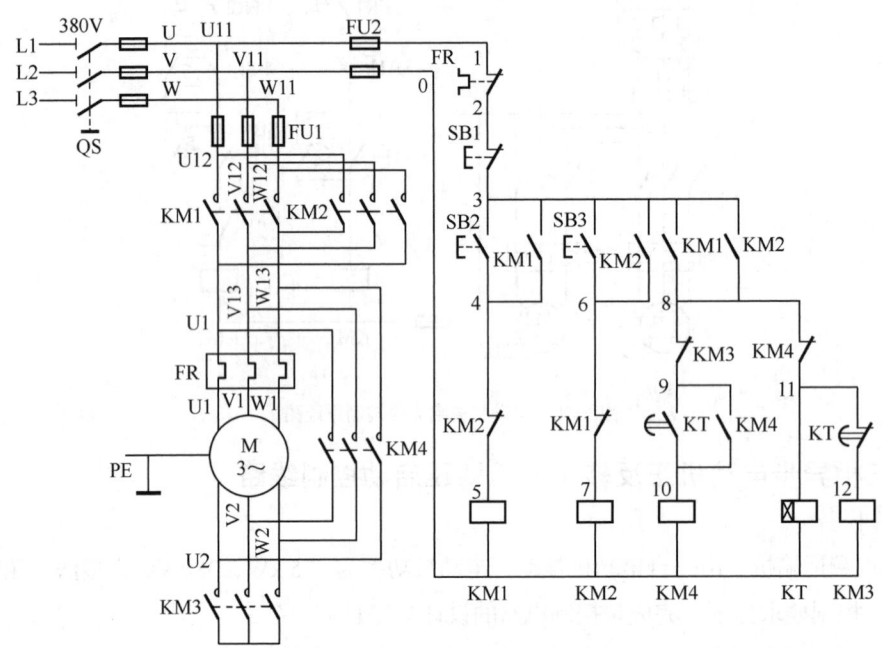

图3-11　三相异步电动机正反向丫—△降压启动自动控制线路

② 根据图 3-11 正反向丫—△降压启动控制电路原理图，画出元件的安装布置图，如图 3-12 所示。

（2）工作准备。

① 所需工具、仪表及器材如下。

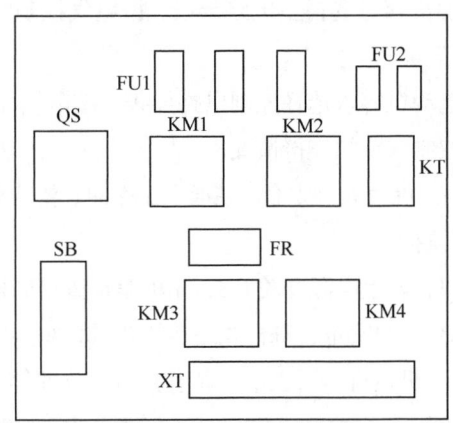

图3-12　元件安装布置图

工具：测电笔、螺钉旋具、尖嘴钳、斜口钳、剥线钳、电工刀、校验灯等。

仪表：5050 型兆欧表、T301—A 型钳形电流表，MF47 型万用表。

器材：控制板一块，主电路导线、辅助电路导线、按钮导线、接地导线，走线槽若干；各种规格的紧固体，针形及叉形轧头，金属软管，编码套管等，其数量按需要而定。

② 元件明细表见表 3-1。

表 3-1　　　　　　　　　　　　　元件明细表

代号	名称	型号	规格	数量
M	三相异步电动机	Y132S-4	5.5 kW、380 V、11.6 A、△接法、1 440 r/min、I_N/I_{st}=1/7	1
QS	组合开关	HZ10-25/3	三极、25 A	1
FU1	熔断器	RL1-60/5	500 V、60 A、配熔体 25 A	3
FU2	熔断器	RL1-15/2	500 V、15 A、配熔体 2 A	2
KM1、KM2、KM3、KM4	交流接触器	CJ10-20	20 A、线圈电压 380 V	4
KT	时间继电器	JS7-2A	线圈电压 380 V	1
FR	热继电器	JR16-20/3	三极、20 A、整定电流 11.6 A	1
SB1、SB2、SB3	按钮	LA10-3H	保护式、按钮数 3	1
XT	端子板	JX2-1015	380 V、10 A、15 节	1

（3）工作步骤如下所述。

① 按表配齐所用电器元件，并检验元件质量。

② 固定元器件。将元件固定在控制板上，要求元件安装牢固，并符合工艺要求。元件布置参考图如图 3-12 所示，按钮 SB 可安装在控制板外。

③ 安装主电路。根据电动机容量选择主电路导线，按电气控制线路图接好主电路。参考图如图 3-12 所示。

④ 安装控制电路。根据电动机容量选择控制电路导线，按电气控制线路图接好控制电路。

⑤ 自检。检查主电路和控制线路的连接情况。

⑥ 检查无误后通电试车。为保证人身安全，在通电试车时，要认真执行安全操作规程的有关规定，经老师检查并由老师现场监护。

接通三相电源 L1、L2、L3，合上电源开关 QS，用电笔检查熔断器出线端，氖管亮说明电源接通。分别按下 SB2、SB3 和 SB1，观察是否符合线路功能要求，观察电器元件动作是否灵活，有无卡阻及噪声过大现象，观察电动机运行是否正常。若有异常，立即停车检查。

三、设计一个控制线路

设计一个能同时满足以下要求的两台电动机控制线路。

（1）能同时控制两台电动机同时启动和停止。

（2）能分别控制两台电动机启动和停止。

电气原理图如图 3-13 所示，KA1 中间继电器控制 2 台电动机的同时启动，SB6 控制两台电动机的同时停止。

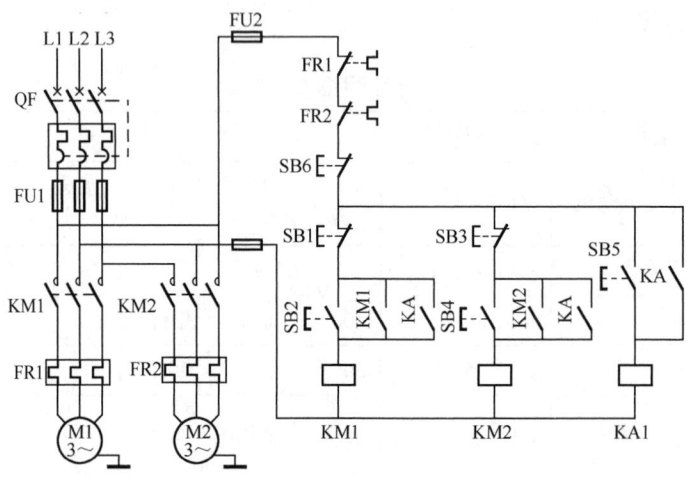

图3-13　2台电动机顺序控制原理图

四、X62W 型万能铣床电气控制线路分析及故障排除

铣床的加工范围广，运动形式较多，其结构也较为复杂。X62W 型万能铣床在加工时是主轴先启动，当铣刀旋转后才允许工作台的进给运动，当铣刀离开工件表面后，才允许铣刀停止工作。这里有两台电动机顺序启动控制的问题需要学习。

工作者操作铣床时，在机床的正面与侧身都有操作的可能，这就涉及机床电动机的两地或多地控制问题。

（一）X62W 型万能铣床的主要结构和运动形式

X62W 型万能铣床的主要结构如图 3-14 所示。

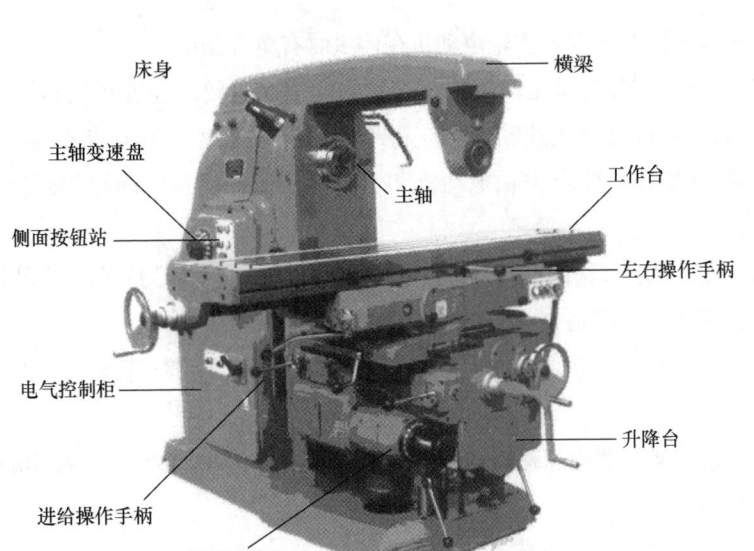

图3-14　X62W型万能铣床结构示意图

床身固定于底座上，用于安装和支承铣床的各部件，在床身内还装有主轴部件、主传动装置、变速操纵机构等。床身顶部的导轨上装有悬梁，悬梁上装有刀杆支架。铣刀则装在刀杆上，刀杆的一端装在主轴上，另一端装在刀杆支架上。刀杆支架可以在悬梁上水平移动，悬梁又可以在床身顶部的水平导轨上水平移动，因此可以适应各种不同长度的刀杆。

床身的前部有垂直导轨，升降台可以沿导轨上下移动，升降台内装有进给运动和快速移动的传动装置及其操纵机构等。在升降台的水平导轨上装有滑座，滑座可以沿导轨作平行于主轴轴线方向的横向移动；工作台又经过回转盘装在滑座的水平导轨上，可以沿导轨作垂直于主轴轴线方向的纵向移动。这样，紧固在工作台上的工件，通过工作台、回转盘、滑座和升降台，可以在相互垂直的3 个方向上实现进给或调整运动。

在工作台与滑座之间的回转盘还可以使工作台左右转动 45°，因此工作台在水平面上除了可以作横向和纵向进给外，还可以实现在不同角度的各个方向上的进给，可用于铣削螺旋槽。

由此可见，铣床的主运动是主轴带动刀杆和铣刀的旋转运动；进给运动包括工作台带动工件在水平的纵、横方向及垂直方向 3 个方向的运动；辅助运动则是工作台在 3 个方向的快速移动。

（二）铣床的电力拖动形式和控制要求

铣床的主运动和进给运动各由一台电动机拖动，这样铣床的电力拖动系统一般由 3 台电动机所组成：主轴电动机、进给电动机和冷却泵电动机。主轴电动机通过主轴变速箱驱动主轴旋转，并由齿轮变速箱变速，以适应铣削工艺对转速的要求，电动机则不需要调速。由于铣削分为顺铣和逆铣两种加工方式，分别使用顺铣刀和逆铣刀，所以要求主轴电动机能够正反转，但只要求预先选定主轴电动机的转向，在加工过程中则不需要主轴反转。又由于铣削是多刃不连续的切削，负载不稳定，所以主轴上装有飞轮，以提高主轴旋转的均匀性，消除铣削加工时产生的震动，但这样会造成主轴

传动系统的惯性较大，因此还要求主轴电动机在停机时有电气制动。

进给电动机作为工作台进给运动及快速移动的动力，也要求能够正反转，以实现 3 个方向的正反向进给运动；通过进给变速箱，可获得不同的进给速度。为了使主轴和进给传动系统在变速时齿轮能够顺利啮合，要求主轴电动机和进给电动机在变速时能够稍微转动一下（称为变速冲动）。

3 台电动机之间还要求有联锁控制，即在主轴电动机启动之后，另外两台电动机才能启动运行。由此，铣床对电力拖动及其控制有以下要求。

（1）铣床的主运动由一台笼型异步电动机拖动，直接启动，能够正反转，并设有电气制动环节，能进行变速冲动。

（2）工作台的进给运动和快速移动均由同一台笼型异步电动机拖动，直接启动，能够正反转，也要求有变速冲动环节。

（3）冷却泵电动机只要求单向旋转。

（4）3 台电动机之间有联锁控制，即主轴电动机启动之后，才能对另外两台电动机进行控制。

（5）主轴电动机启动后才允许工作电动机工作。

（三）X62W 型万能铣床的电气控制线路分析及故障排除

X62W 型万能铣床的电气控制线路有多种，图 3-15 所示的电路是经过改进的电路，为 X62W 型卧式和 X53K 型立式两种万能铣床所通用。

1. 主电路

三相电源由电源开关 QS1 引入，FU1 作全电路的短路保护。主轴电动机 M1 的运行由接触器 KM1 控制，由换相开关 SA3 预选其转向。冷却泵电动机 M3 由 QS2 控制其单向旋转，但必须在 M1 启动运行之后才能运行。进给电动机 M2 由 KM3、KM4 实现正反转控制。3 台电动机分别由热继电器 FR1、FR2、FR3 提供过载保护。

2. 控制电路

由控制变压器 TC1 提供 110V 工作电压，FU4 提供变压器二次侧的短路保护。该电路的主轴制动、工作台常速进给和快速进给分别由控制电磁离合器 YC1、YC2、YC3 实现，电磁离合器需要的直流工作电压由整流变压器 TC2 降压后经桥式整流器 VC 提供，FU2、FU3 分别提供交直流侧的短路保护。

（1）主轴电动机 M1 的控制。M1 由交流接触器 KM1 控制，为操作方便，在机床的不同位置各安装了一套启动和停止按钮：SB2 和 SB6 装在床身上，SB1 和 SB5 装在升降台上。对 M1 的控制包括有主轴的启动、停止制动、换刀制动和变速冲动。

① 启动。在启动前先按照顺铣或逆铣的工艺要求，用组合开关 SA3 预先确定 M1 的转向。按下 SB1 或 SB2→KM1 线圈通电→M1 启动运行，同时 KM1 动合辅助触点（7—13）闭合，为 KM3、KM4 线圈支路接通做好准备。

SA3 的功能如表 3-2 所示。

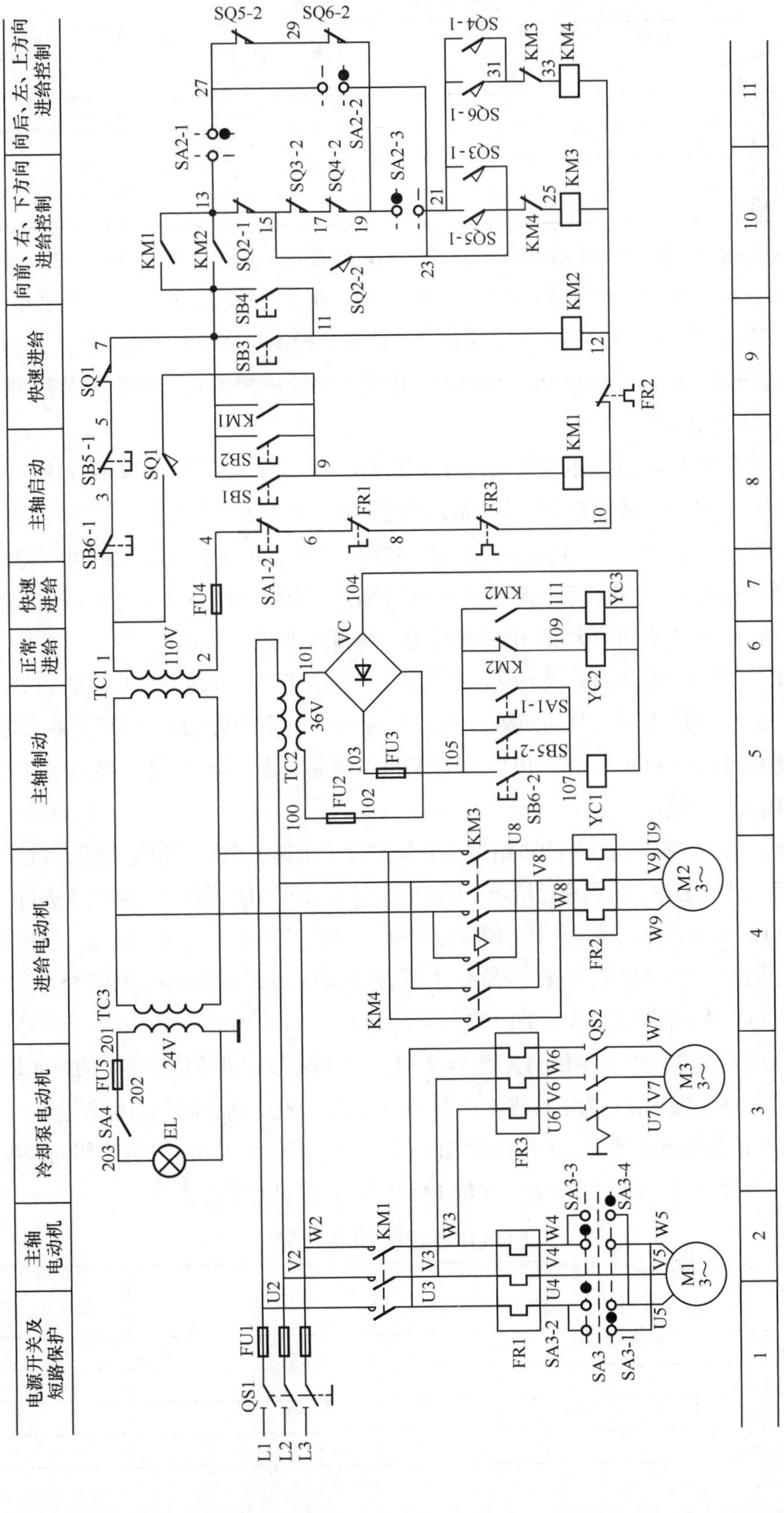

图3-15　X62W型万能铣床电气原理图

表 3-2 主轴转换开关位置表

位置 触点	正转	停止	反转
SA3-1	−	−	+
SA3-2	+	−	−
SA3-3	+	−	−
SA3-4	−	−	+

② 停车与制动。按下 SB5 或 SB6→SB5 或 SB6 动断触点断开（3—5 或 1—3）→KM1 线圈断电，M1 停车→SB5 或 SB6 动合触点闭合（105—107）制动电磁离合器 YC1 线圈通电→M1 制动。

制动电磁离合器 YC1 装在主轴传动系统与 M1 转轴相连的第一根传动轴上，当 YC1 通电吸合时，将摩擦片压紧，对 M1 进行制动。停转时，应按住 SB5 或 SB6 直至主轴停转才能松开，一般主轴的制动时间不超过 0.5 s。

③ 主轴的变速冲动。主轴的变速是通过改变齿轮的传动比实现的。在需要变速时，将变速手柄（如图 3-14 所示）拉出，转动变速盘至所需的转速，然后将变速手柄复位。在手柄复位的过程中，在瞬间压动了行程开关 SQ1，手柄复位后，SQ1 也随之复位。在 SQ1 动作的瞬间，SQ1 的动断触点（5—7）先断开其他支路，然后动合触点（1—9）闭合，点动控制 KM1，使 M1 产生瞬间的冲动，利于齿轮的啮合；如果点动一次齿轮还不能啮合，可重复进行上述动作。

④ 主轴换刀控制。在上刀或换刀时，主轴应处于制动状态，以避免发生事故。只要将换刀制动开关 SA1 扳至"接通"位置，其动断触点 SA1-2（4—6）断开控制电路，保证在换刀时机床没有任何动作；其动合触点 SA1-1（105—107）接通 YC1，使主轴处于制动状态。换刀结束后，要记住将 SA1 扳回"断开"位置。

（2）进给运动控制。工作台的进给运动分为常速（工作）进给和快速进给，常速进给必须在 M1 启动运行后才能进行，而快速进给属于辅助运动，可以在 M1 不启动的情况下进行。工作台在 6 个方向上的进给运动是由机械操作手柄带动相关的行程开关 SQ3～SQ6，通过控制接触器 KM3、KM4 来控制进给电动机 M2 正反转实现的。行程开关 SQ5 和 SQ6 分别控制工作台的向右和向左运动，SQ3 和 SQ4 则分别控制工作台的向前、向下和向后、向上运动。

进给拖动系统使用的两个电磁离合器 YC2 和 YC3 都安装在进给传动链中的第 4 根传动轴上。当 YC2 吸合而 YC3 断开时，为常速进给；当 YC3 吸合而 YC2 断开时，为快速进给。

① 工作台的纵向进给运动。工作台的纵向（左右）进给运动是由"工作台纵向操纵手柄"来控制的。手柄有 3 个位置：向左、向右、零位（停止），其控制关系见表 3-3。

表 3-3 工作台纵向进给开关位置

位置 触点	左	停	右
SQ5-1	−	−	+
SQ5-2	+	+	−
SQ6-1	+	−	−
SQ6-2	−	+	+

　　将纵向进给操作手柄扳向右边→行程开关 SQ5 动作→其动断触点 SQ5-2（27—29）先断开，动合触点 SQ5-1（21—23）后闭合→KM3 线圈通过（13—15—17—19—21—23—25）路径通电→M2 正转→工作台向右运动。

　　若将操作手柄扳向左边，则 SQ6 动作→KM4 线圈通电→M2 反转→工作台向左运动。

　　SA2 为圆工作台控制开关，此时应处于"断开"位置，3 组触点状态为 SA2-1、SA2-3 接通，SA2-2 断开。

　　② 工作台的垂直与横向进给运动。工作台垂直与横向进给运动由一个十字形手柄操纵，十字形手柄有上、下、前、后和中间 5 个位置，其对应的运动状态见表 3-4。将手柄扳至向下或向上位置时，分别压动行程开关 SQ3 或 SQ4，控制 M2 正转或反转，并通过机械传动机构使工作台分别向下和向上运动；而当手柄扳至向前或向后位置时，虽然同样是压动行程开关 SQ3 和 SQ4，但此时机械传动机构使工作台分别向前和向后运动。当手柄在中间位置时，SQ3 和 SQ4 均不动作。下面就以向上运动的操作为例分析电路的工作情况，其余的可自行分析。

表 3-4　　　　　　　　　　　　工作台横向与垂直操纵手柄功能

手柄位置	工作台运动方向	离合器接通的丝杆	行程开关动作	接触器动作	电动机运转
向上	向上进给或快速向上	垂直丝杆	SQ4	KM4	M2 反转
向下	向下进给或快速向下	垂直丝杆	SQ3	KM3	M2 正转
向前	向前进给或快速向前	横向丝杆	SQ3	KM3	M2 正转
向后	向后进给或快速向后	横向丝杆	SQ4	KM4	M2 反转
中间	升降或横向停止	横向丝杆	—	—	停止

　　将十字形手柄扳至"向上"位置，SQ4 的动断触点 SQ4-2 先断开，动合触点 SQ4-1 后闭合→KM4 线圈经（13—27—29—19—21—31—33）路径通电→M2 反转→工作台向上运动。

　　③ 进给变速冲动。与主轴变速时一样，进给变速时也需要使 M2 瞬间点动一下，使齿轮易于啮合。进给变速冲动由行程开关 SQ2 控制，在操纵进给变速手柄和变速盘时，瞬间压动了行程开关 SQ2，在 SQ2 通电的瞬间，其动断触点 SQ2-1（13—15）先断开而动合触点 SQ2-2（15—23）后闭合，使 KM3 线圈经（13—27—29—19—17—15—23—25）路径通电，M2 正向点动。由 KM3 的通电路径可见：只有在进给操作手柄均处于零位（即 SQ3～SQ6 均不动作）时，才能进行进给变速冲动。

　　④ 工作台快速进给的操作。要使工作台在 6 个方向上快速进给，在按常速进给的操作方法操纵进给控制手柄的同时，还要按下快速进给按钮开关 SB3 或 SB4（两地控制），使 KM2 线圈通电，其动断触点（105—109）切断 YC2 线圈支路，动合触点（105—111）接通 YC3 线圈支路，使机械传动机构改变传动比，实现快速进给。由于与 KM1 的动合触点（7—13）并联了 KM2 的一个动合触点，所以在 M1 不启动的情况下也可以进行快速进给。

　　（3）圆工作台的控制。在需要加工弧形槽、弧形面和螺旋槽时，可以在工作台上加装圆工作台。圆工作台的回转运动也是由进给电动机 M2 拖动的。在使用圆工作台时，将控制开关 SA2 扳至"接通"位置，此时 SA2-2 接通而 SA2-1、SA2-3 断开。在主轴电动机 M1 启动的同时，KM3 线圈经

（13—15—17—19—29—27—23—25）路径通电，使 M2 正转，带动圆工作台旋转运动（圆工作台只需要单向旋转）。由 KM3 线圈的通电路径可见，只要扳动工作台进给操作的任何一个手柄，SQ3～SQ6 其中一个行程开关的动断触点断开，都会切断 KM3 线圈支路，使圆工作台停止运动，这就实现了工作台进给和圆工作台运动的联锁关系。

圆工作台转换开关 SA1 情况说明见表 3-5。

表 3-5　　　　　　　　　　　　　　圆工作台转换开关说明

触点 ＼ 位置	圆工作台	
	接通	断开
SA2-1	−	+
SA2-2	+	−
SA2-3	−	+

3．照明电路

照明灯 EL 由照明变压器 TC3 提供 24V 的工作电压，SA4 为灯开关，FU5 提供短路保护。

4．X62W 型万能铣床常见电气故障的诊断与检修

X62W 型万能铣床的主轴运动由主轴电动机 M1 拖动，采用齿轮变换实现调速。电气原理上不仅保证了上述要求，还在变速过程中采用了电动机的冲动和制动。

铣床的工作台应能够进行前、后、左、右、上、下 6 个方向的常速和快速进给运动，同样，工作台的进给速度也需要变速，变速也是采用变换齿轮来实现的，电气控制原理与主轴变速相似。其控制是由电气和机械系统配合进行的，所以在出现工作台进给运动的故障时，如果对机、电系统的部件逐个进行检查，是难以快速查出故障所在的。在实际操作中，可依次进行其他方向的常速进给、快速进给、进给变速冲动和圆工作台的进给控制试验，逐步缩小故障范围，分析故障原因，然后在故障范围内逐个对电器元件、触点、接线和接点进行检查。在检查时，还应考虑机械磨损或移位使操纵失灵等非电气的故障原因。这部分电路的故障较多，下面仅以一些较典型的故障为例来进行分析。

由于万能铣床的机械操纵与电气控制配合十分密切，因此在调试与维修时，不仅要熟悉电气原理，还要对机床的操作与机械结构，特别是机电配合有足够的了解。下面对 X62W 型万能铣床常见电气故障分析与故障处理的一些方法与经验进行归纳与总结。

（1）主轴停车时没有制动作用。

故障分析：

① 电磁离合器 YC1 不工作，工作台能正常进给和快速进给。

② 电磁离合器 YC1 不工作，且工作台无正常进给和快速进给。

故障排除方法：

① 检查电磁离合器 YC1，如 YC1 线圈有无断线、接点有无接触不良等。此外，还应检查控制按钮 SB5 和 SB6。

② 重点是检查整流器中的 4 个整流二极管是否损坏或整流电路有无断线。

（2）主轴换刀时无制动。

故障分析：

转换开关 SA1 经常被扳动，其位置发生变动或损坏，导致接触不良或断路。

故障排除方法：

调整转换开关的位置或予以更换。

（3）按下主轴停车按钮后主轴电动机不能停车。

故障分析：

故障的主要原因可能是 KM1 的主触点熔焊。

　如果在按下停车按钮后，KM1 不释放，则可断定故障是由 KM1 主触点熔焊引起的。此时，电磁离合器 YC1 正在对主轴起制动作用，会造成 M1 过载，并产生机械冲击。所以一旦出现这种情况，应该马上松开停车按钮，进行检查，否则会很容易烧坏电动机。

故障排除方法：

检查接触器 KM1 主触点是否熔焊，并予以修复或更换。

（4）工作台各个方向都不能进给。

故障分析：

① 电动机 M2 不能启动，电动机接线脱落或电动机绕组断线。

② 接触器 KM1 不吸合。

③ 接触器 KM1 主触点接触不良或脱落。

④ 经常扳动操作手柄，开关受到冲击，行程开关 SQ3、SQ4、SQ5、SQ6 位置发生变动或损坏。

⑤ 变速冲动开关 SQ2-1 在复位时，不能闭合接通或接触不良。

故障排除方法：

① 检查电动机 M2 是否完好，并予以修复。

② 检查接触器 KM1、控制变压器一、二次绕组，电源电压是否正常，熔断器是否熔断，并予以修复。

③ 检查接触器主触点，并予以修复。

④ 调整行程开关的位置或予以更换。

⑤ 调整变速冲动开关 SQ2-1 的位置，检查触点情况，并予以修复或更换。

（5）主轴电动机不能启动。

故障分析：

① 电源不足、熔断器熔断、热继电器触点接触不良。

② 启动按钮损坏、接线松脱、接触不良或线圈断路。

③ 变速冲动开关 SQ1 的触点接触不良，开关位置移动或撞坏。

④ 因为 M1 的容量较大，导致接触器 KM1 的主触点、SA3 的触点被熔化或接触不良。

故障排除方法：

① 检查三相电源、熔断器、热继电器的触点的接触情况，并给予相应的处理和更换。

② 更换按钮，紧固接线，检查与修复线圈。

③ 检查冲动开关 SQ1 的触点，调整开关位置，并予以修复或更换。

④ 检查接触器 KM1 和相应开关 SA3，并予以调整或更换。

（6）主轴电动机不能冲动（瞬时转动）。

故障分析：

行程开关 SQ1 经常受到频繁冲击，使开关位置改变、开关底座被撞碎或接触不良。

故障排除方法：

修理或更换开关，调整开关动作行程。

（7）进给电动机不能冲动（瞬时转动）。

故障分析：

行程开关 SQ2 经常受到频繁冲击，使开关位置改变、开关底座被撞碎或接触不良。

故障排除方法：

修理或更换开关，调整开关动作行程。

（8）工作台能向左、向右进给，但不能向前、向后、向上、向下进给。

故障分析：

① 限位开关 SQ3、SQ4 经常被压合，使螺钉松动、开关位移、触点接触不良、开关机构卡住及线路断开。

② 限位开关 SQ5-2、SQ6-2 被压开，使进给接触器 KM3、KM4 的通电回路均被断开。

故障排除方法：

① 检查与调整 SQ3 或 SQ4，并予以修复或更改。

② 检查 SQ5-2 或 SQ6-2，并予以修复或更换。

（9）工作台能向前、向后、向上、向下进给，但不能向左、向右进给。

故障分析：

① 限位开关 SQ5、SQ6 经常被压合，使开关位移、触点接触不良、开关机构卡住及线路断开。

② 限位开关 SQ5-2、SQ6-2 被压开，使进给接触器 KM3、KM4 的通电回路均被断开。

故障排除方法：

① 检查与调整 SQ5 或 SQ6，并予以修复或更改。

② 检查 SQ5-2 或 SQ6-2，并予以修复或更换。

（10）工作台不能快速移动。

故障分析：

① 电磁离合器 YC3 由于冲击力大，操作频繁，经常造成铜制衬垫磨损严重，产生毛刺，划伤线圈绝缘层，引起匝间短路，烧毁线圈。

② 线圈受震动，接线松脱。

③ 控制回路电源故障或 KM2 线圈断路、短路烧毁。

④ 按钮 SB3 或 SB4 接线松动、脱落。

故障排除方法：

① 如果铜制衬垫磨损，则更换电磁离合器 YC3；重新绕制线圈，并予以更换。

② 紧固线圈接线。

③ 检查控制回路电源及 KM2 线圈情况，并予以修复或更换。

④ 检查按钮 SB3 或 SB4 接线，并予以紧固。

五、M7130 型平面磨床电气控制线路

磨床是用磨具和磨料（如砂轮、砂带、油石、研磨剂等）对工件的表面进行磨削加工的一种机床，它可以加工各种表面，如平面、内外圆柱面、圆锥面和螺旋面等，通过磨削加工，使工件的形状及表面的精度、光洁度达到预期的要求；同时，它还可以进行切断加工。根据用途和采用的工艺方法不同，磨床可以分为平面磨床、外圆磨床、内圆磨床、工具磨床和各种专用磨床（如螺纹磨床、齿轮磨床、球面磨床、导轨磨床等），其中以平面磨床使用最多。平面磨床又分为卧轴和立轴、矩台和圆台 4 种类型，下面以 M7130 型卧轴矩台平面磨床为例介绍磨床的电气控制电路。

M7130 型平面磨床的型号含义如下所示。

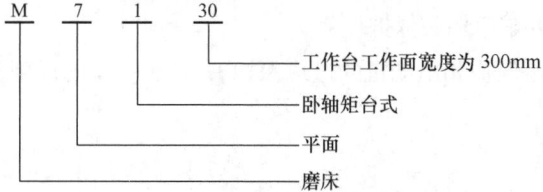

- 工作台工作面宽度为 300mm
- 卧轴矩台式
- 平面
- 磨床

（一）M7130 型平面磨床的主要结构和运动形式

M7130 型卧轴矩形工作台平面磨床的主要结构包括床身、立柱、滑座、砂轮箱、工作台和电磁吸盘，如图 3-16 所示。磨床的工作台表面有 T 型槽，可以用螺钉和压板将工件直接固定在工作台上，也可以在工作台上装上电磁吸盘，用来吸持铁磁性的工件。平面磨床进行磨削加工的示意图如图 3-17 所示，砂轮与砂轮电动机均装在砂轮箱内，砂轮直接由砂轮电动机带动旋转；砂轮箱装在滑座上，滑座装在立柱上。

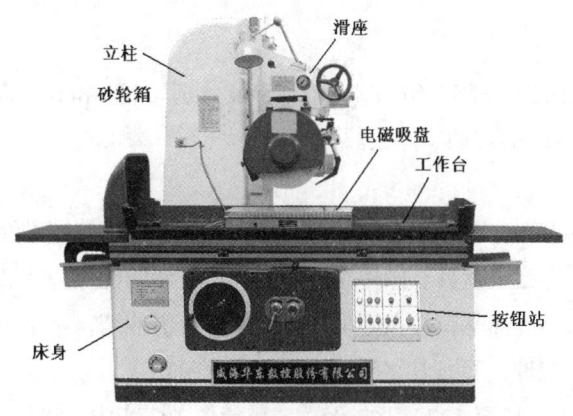

图3-16　M7130卧轴矩台平面磨床结构示意图

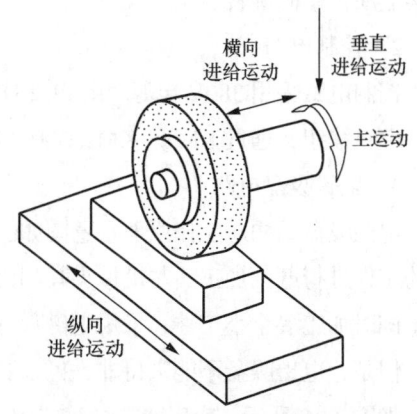

图3-17　磨床的主运动和进给运动示意图

磨床的主运动是砂轮的旋转运动，而进给运动则分为以下 3 种运动。

（1）工作台（带动电磁吸盘和工件）作纵向往复运动。

（2）砂轮箱沿滑座上的燕尾槽作横向进给运动。

（3）砂轮箱和滑座一起沿立柱上的导轨作垂直进给运动。

（二）M7130 型平面磨床的电力拖动形式和控制要求

M7130 型卧轴矩台平面磨床采用多台电动机拖动，其电力拖动和电气控制、保护的要求有以下几点。

（1）砂轮由一台笼型异步电动机拖动。因为砂轮的转速一般不需要调节，所以对砂轮电动机没有电气调速的要求，也不需要反转，可直接启动。

（2）平面磨床的纵向和横向进给运动一般采用液压传动，所以需要由一台液压泵电动机驱动液压泵，对液压泵电动机也没有电气调速、反转和降压启动的要求。

（3）同车床一样，也需要一台冷却泵电动机提供冷却液。冷却泵电动机与砂轮电动机也具有联锁关系，即要求砂轮电动机启动后才能开动冷却泵电动机。

（4）平面磨床往往采用电磁吸盘来吸持工件。电磁吸盘要有退磁电路，同时，为防止在磨削加工时因电磁吸盘吸力不足而造成工件飞出，还要求有弱磁保护环节。

（5）具有各种常规的电气保护环节（如短路保护和电动机的过载保护）；具有安全的局部照明装置。

（三）M7130 型平面磨床电气控制电路分析

M7130 型平面磨床的电气原理图如图 3-18 所示。

1. 主电路

三相交流电源由电源开关 QS 引入，由 FU1 作全电路的短路保护。砂轮电动机 M1 和液压电动机 M3 分别由接触器 KM1、KM2 控制，并分别由热继电器 FR1、FR2 作过载保护。由于磨床的冷却泵箱是与床身分开安装的，所以冷却泵电动机 M2 由插头插座 X1 接通电源，在需要提供冷却液时才插上。M2 受 M1 启动和停转的控制。由于 M2 的容量较小，因此不需要过载保护。3 台电动机均直接启动，单向旋转。

2. 控制电路

控制电路采用 380V 电源，由 FU2 作短路保护。SB1、SB2 和 SB3、SB4 分别为 M1 和 M3 的启动、停止按钮，通过 KM1、KM2 控制 M1 和 M3 的启动、停止。

3. 电磁吸盘电路

电磁吸盘结构与工作原理示意图如图 3-19 所示。其线圈通电后产生电磁吸力，以吸持铁磁性材料的工件进行磨削加工。与机械夹具相比较，电磁吸盘具有操作简便、不损伤工件的优点，特别适合于同时加工多个小工件；采用电磁吸盘的另一优点是工件在磨削发热时能够自由伸缩，不至于变形。但是，电磁吸盘不能吸持非铁磁性材料的工件，而且其线圈还必须使用直流电。

如图 3-18 所示，变压器 T1 将 220V 交流电降压至 127 V 后，经桥式整流器 VC 变成 110V 直流电压供给电磁吸盘线圈 YH。SA2 是电磁吸盘的控制开关，待加工时，将 SA2 扳至右边的"吸合"

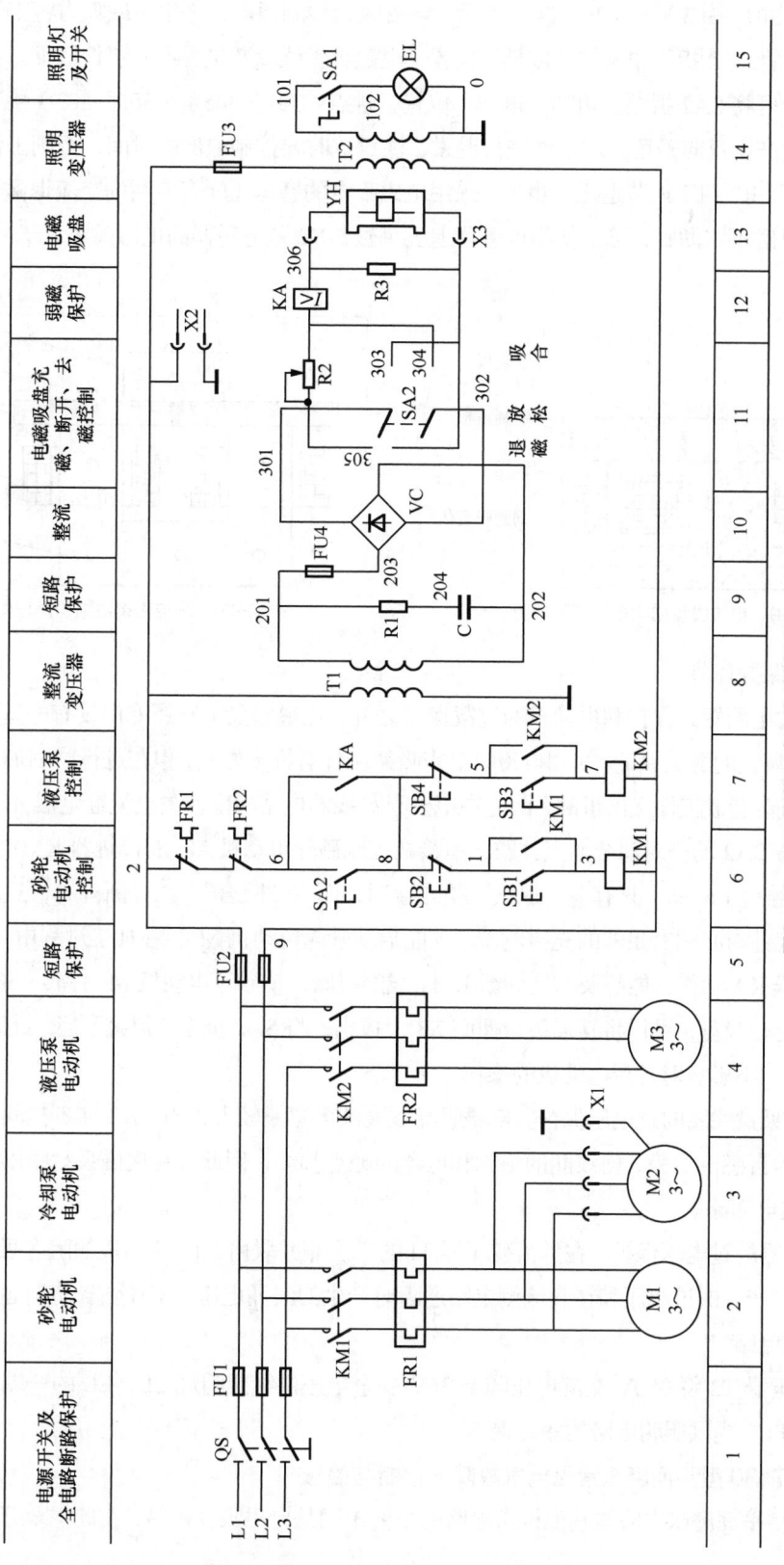

图3－18 M7130平面磨床电气原理图

位置，触点（301—303）、（302—304）接通，电磁吸盘线圈通电，产生电磁吸力将工件牢牢吸持。加工结束后，将 SA2 扳至中间的"放松"位置，电磁吸盘线圈断电，可将工件取下。如果工件有剩磁难以取下，可将 SA2 扳至左边的"退磁"位置，触点（301—305）、（302—303）接通，此时线圈通以反向电流产生反向磁场，对工件进行退磁，注意这时要控制退磁的时间，否则工件会因反向充磁而更难取下。R2 用于调节退磁的电流。采用电磁吸盘的磨床还配有专用的交流退磁器，如图 3-20 所示，如果退磁不够彻底，可以使用退磁器退去剩磁，X2 是退磁器的电源插座。

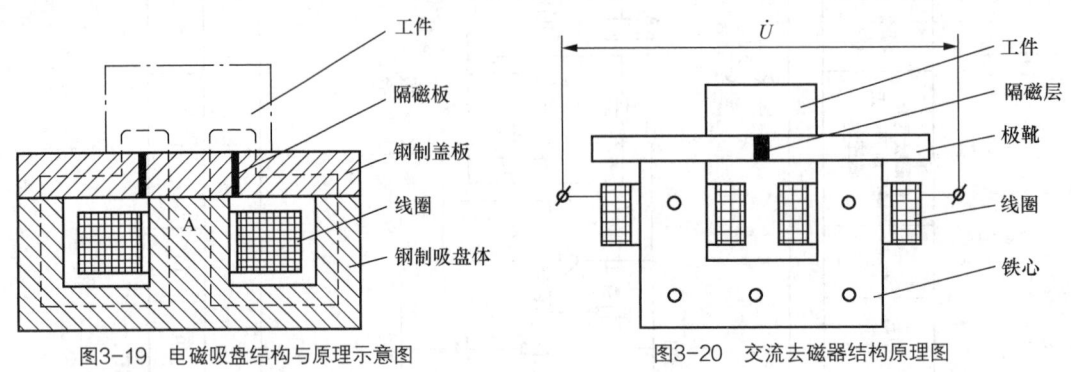

图3-19　电磁吸盘结构与原理示意图　　　　图3-20　交流去磁器结构原理图

4. 电气保护环节

除常规的电路短路保护和电动机的过载保护之外，电磁吸盘电路还专门设有一些保护环节。

① 电磁吸盘的弱磁保护。采用电磁吸盘来吸持工件有许多好处，但在进行磨削加工时一旦电磁吸力不足，就会造成工件飞出事故，因此在电磁吸盘线圈电路中串入欠电流继电器 KA 的线圈。KA 的动合触点与 SA2 的一对动合触点并联，串接在控制砂轮电动机 M1 的接触器 KM1 线圈支路中。SA2 的动合触点（6—8）只有在"退磁"挡才接通，而在"吸合"挡是断开的，这就保证了电磁吸盘在吸持工件时必须有足够的充磁电流，才能启动砂轮电动机 M1；在加工过程中一旦电流不足，欠电流继电器 KA 动作，能够及时地切断 KM1 线圈电路，使砂轮电动机 M1 停转，避免事故发生。如果不使用电磁吸盘，可以将其插头从插座 X3 上拔出，将 SA2 扳至"退磁"挡，此时 SA2 的触点（6—8）接通，不影响对各台电动机的操作。

② 电磁吸盘线圈的过电压保护。电磁吸盘线圈的电感量较大，当 SA2 在各挡间转换时，线圈会产生很大的自感电动势，使线圈的绝缘和电器的触点损坏，因此要在电磁吸盘线圈两端并联电阻器 R3 作为放电回路。

③ 整流器的过电压保护。在整流变压器 TI 的二次侧并联由 R1、C 组成的阻容吸收电路，用以吸收交流电路产生的过电压和在直流侧电路通断时产生的浪涌电压，对整流器进行过电压保护。

5. 照明电路

照明变压器 T2 将 380V 交流电压降至 36V 安全电压供给照明灯 EL，EL 的一端接地，SA1 为灯开关，由 FU3 提供照明电路的短路保护。

（四）M7130 型平面磨床常见电气故障的诊断与检修

M7130 型平面磨床电路与其他机床电路的主要不同是电磁吸盘电路，在此主要分析电磁吸盘电路的故障。

1. 电磁吸盘没有吸力或吸力不足

如果电磁吸盘没有吸力，首先应检查电源，从整流变压器 T1 的一次侧到二次侧，再检查整流器 VC 输出的直流电压是否正常；检查熔断器 FU1、FU2、FU4；检查 SA2 的触点、插头插座 X3 是否接触良好；检查欠电流继电器 KA 的线圈有无断路；一直检查到电磁吸盘线圈 YH 两端有无 110V 直流电压。如果电压正常，电磁吸盘仍无吸力，则需要检查 YH 有无断线。如果是电磁吸盘的吸力不足，则多半是工作电压低于额定值，如桥式整流电路的某一桥臂出现故障，使全波整流变成半波整流，VC 输出的直流电压下降了一半；也可能是 YH 线圈局部短路，使空载时 VC 输出电压正常，而接上 YH 后电压低于正常值 110V。

2. 电磁吸盘退磁效果差

应检查退磁回路是否断开或元件有无损坏。如果退磁的电压过高也会影响退磁效果，此时应调节 R2 使退磁电压在 5～10V 之间。此外，还应考虑是否有退磁操作不当的原因，如退磁时间过长。

3. 控制电路接点（6—8）的电器故障

平面磨床电路较容易产生的故障还有控制电路中由 SA2 和 KA 的动合触点并联的部分。如果 SA2 和 KA 的触点接触不良，使接点（6—8）间不能接通，则会造成 M1 和 M2 无法正常启动，平时应特别注意检查。

本项目以 Y—△降压启动控制线路设计安装与调试、故障检修作为引入，讲述了自动开关、漏电开关、电磁离合器相关电器，分析了三相异步电动机定子串电阻、Y—△降压启动、自耦变压器降压启动等基本控制线路，拓展了分析和设计电动机顺序控制、异步电动机正反转 Y—△降压启动控制线路等线路。

本项目还重点讲述了 X62W 万能铣床、M7130 型平面磨床的基本结构、运动形式、操作方法、电动机和电器元件的配置情况，以及机械、液压系统与电气控制的关系等方面知识，详细分析了 X62W 万能铣床、M7130 型平面磨床电气控制线路组成、工作原理、安装调试方法，还介绍了 X62W 万能铣床、M7130 型平面磨床常见电气故障的诊断与检修方法。

1. 电磁离合器主要由哪几部分组成？工作原理是什么？

2. 什么是降压启动？三相鼠笼式异步电动机常采用哪些降压启动方法？

3. 一台电动机 Y—△接法，允许轻载启动，设计满足下列要求的控制电路。

（1）采用手动和自动控制降压启动。

（2）实现连续运转和点动工作，并且当点动工作时要求处于降压状态工作。

（3）具有必要的联锁和保护环节。

4. 有一皮带廊全长 40 m，输送带采用 55 kW 电动机进行拖动，试设计其控制电路。设计要求如下。

（1）电动机采用 Y—△ 降压启动控制。

（2）采用两地控制方式。

（3）加装启动预告装置。

（4）至少有一个现场紧停开关。

5. 铣床在变速时，为什么要进行冲动控制？

6. X62W 型万能铣床具有哪些联锁和保护？为何要有这些联锁与保护？

7. X62W 型万能铣床工作台运动控制有什么特点？在电气与机械上是如何实现工作台运动控制的？

8. 分析 M7130 型平面磨床充磁的过程。

9. M7130 型平面磨床电磁吸盘没有吸力是什么原因？

项目四

| 卧式镗床电气控制线路 |

【学习目标】

1. 了解速度继电器及双速电动机的工作原理。
2. 会安装与检修交流电动机启动控制线路。
3. 会安装、调试、检修双速电动机调速控制线路。
4. 能分析相关控制线路的电气原理及掌握电气控制线路中的保护措施。
5. 掌握 T68 镗床的组成与运动规律及电气控制要求。
6. 熟知 T68 镗床的电气控制开关位置。
7. 能够识读及分析 T68 镗床的电气原理图、安装图。
8. 会维修 T68 镗床的常见电气故障。

| 项目引入 |

子项目：双速异步电动机设计、安装、调试与试车。

一、任务描述

某台粉煤电动机是△/YY接法的双速异步电动机，需要施行低速、高速连续运转且高速需要采用分级启动控制，即先低速启动，然后再自动切换为高速运转，试设计能实现这一要求的电路图。

二、控制要求

1. 有短路、过载等完善的保护。
2. 画出主电路、控制电路、元件布置图和安装接线图。
3. 双速异步电动机，4kW、380V、8.8A，选择电器元件，并列出元件清单。
4. 采用行线槽布线，接线端用冷压接头，接线端加编码套管，定额工时：6h。

| 相关知识 |

一、电气控制器件

（一）速度继电器

1. 速度继电器简介

速度继电器是反映转速和转向的继电器，主要用作笼型异步电动机的反接制动控制，所以也称反接制动继电器。它主要由转子、定子和触点 3 部分组成：转子是一个圆柱形永久磁铁；定子是一个笼形空心圆环，由硅钢片叠成，并装有笼型绕组；触点由两组转换触点组成，一组在转子正转时动作，另一组在转子反转时动作。图 4-1 为 JY1 型速度继电器结构原理图，速度继电器电路图形与符号如图 4-2 所示。

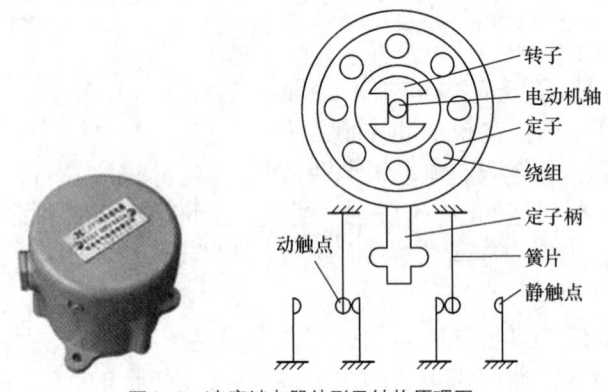

图4-1 速度继电器外形及结构原理图

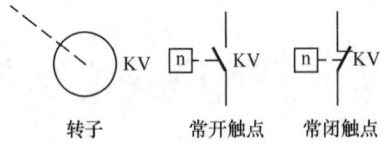

图4-2 速度继电器图形符号和文字符号

2. 速度继电器工作原理

速度继电器转子的轴与被控电动机的轴相连接，而定子空套在转子上。当电动机转动时，速度继电器的转子随之转动，定子内的短路导体便切割磁场，产生感应电动势，从而产生电流。此电流与旋转的转子磁场作用产生转矩，于是定子开始转动，当转到一定角度时，一般为 100r/min，装在定子轴上的摆锤推动簧片动作，使常闭触点分断，常开触点闭合。当电动机转速低于某一值时，一般为 100r/min，定子产生的转矩减小，触点在弹簧作用下复位。

（二）双速异步电动机

1. 双速电动机简介

双速电动机属于异步电动机变极调速。变极调速主要用于调速性能要求不高的场合，如铣床、镗床、磨床等机床及其他设备上，它所需设备简单、体积小、质量轻，但电动机绕组引出头较多，调速级数少，级差大，不能实现无级调速。它主要是通过改变定子绕组的连接方法达到改变定子旋转磁场磁极对数，从而改变电动机的转速。

2. 变极调速原理

变极原理：定子一半绕组中电流方向变化，磁极对数成倍变化。如图 4-3 所示，每相绕组由两个线圈组成，每个线圈可看作是一个半相绕组。若两个半相绕组顺向串联，电流同向，可产生 4 极磁场；若一个半相绕组电流反向，可产生 2 极磁场。

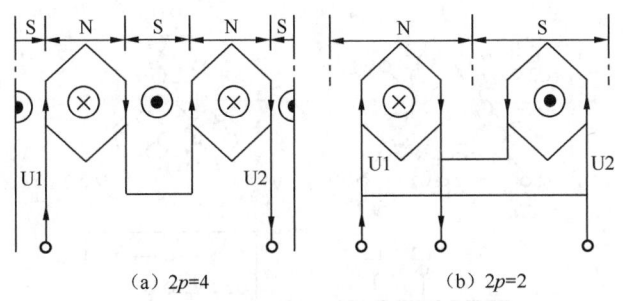

(a) $2p=4$　　　　　　　　(b) $2p=2$

图4-3　变极调速电机绕组展开示意图

根据公式 $n_1=60f/p$ 可知，在电源频率不变的条件下，异步电动机的同步转速与磁极对数成反比，磁极对数增加一倍，同步转速 n_1 下降至原转速的一半，电动机额定转速 n 也将下降近一半，所以改变磁极对数可以达到改变电动机转速的目的。

3. 双速异步电动机定子绕组的连接方式

双速异步电动机的形式有两种：Y—YY 和 △—YY。这两种形式都能使电动机极数减少一半。图 4-4 所示（a）图为电动机 Y—YY 连接方式，（b）图所示为 △—YY 连接方式。

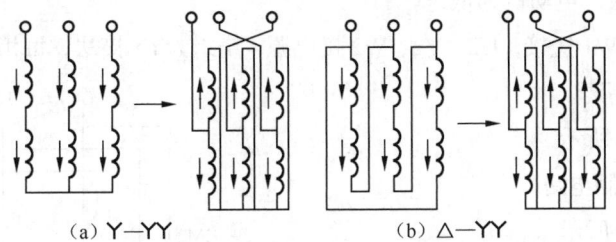

(a) Y—YY　　　　　　　　(b) △—YY

图4-4　双速异步电动机定子绕制的连接方式

当变极前后绕组与电源的接线如图 4-5 所示时，变极前后电动机转向相反，因此，若要使变极后电动机保持原来转向不变，应调换电源相序。

本项目介绍的是最常见的单绕组双速电动机，转速比等于磁极倍数比，如 2 极/4 极、4 极/8 极，从定子绕组△接法变为YY接法，磁极对数从 $p=2$ 变为 $p=1$，因此转速比为 2。

二、基本控制线路

（一）双速电动机按钮控制的直接启动线路

双速电动机调速控制是不连续变速，改变变速电动机的多组定子绕组接法，可改变电动机的磁极对数，从而改变其转速。

根据变极调速原理"定子一半绕组中电流方向变化，磁极对数成倍变化"，图 4-5（a）中将绕组的 U1、V1、W1 3 个端子接三相电源，将 U2、V2、W2 3 个端子悬空，三相定子绕组接成三角形（△）。这时每相的两个绕组串联，电动机以 4 极运行，为低速。图 4-5（b）中将 U2、V2、W2 3 个端子接 3 相电源，U1、V1、W1 连成星点，三相定子绕组连接成双星（YY）形。这时每相两个绕组并联，电动机以 2 极运行，为高速。根据变极调速理论，为保证变极前后电动机转动方向不变，要求变极的同时改变电源相序。

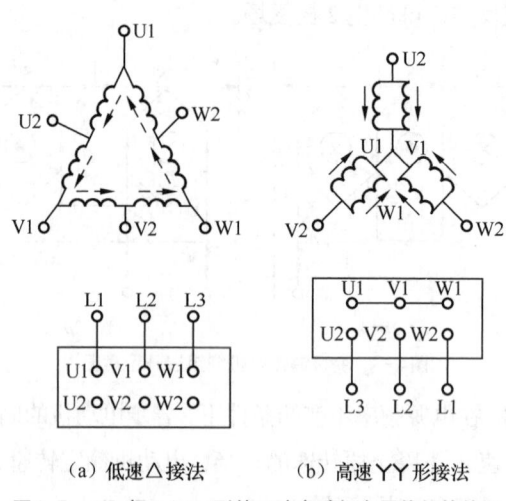

（a）低速△接法　　　（b）高速YY形接法

图4-5　4/2 极△/YY形的双速电动机定子绕组接线图

1. 双速电动机主电路

定子绕组的出线端 U1、V1、W1 接电源，U2、V2、W2 悬空，绕组为△接法，每相绕组中两个线圈串联，成 3 个极，电动机为低速。

出线端 U1、V1、W1 短接，U2、V2、W2 接电源，绕组为YY接法，每相绕组中两个线圈并联，成两个极，电动机为高速。

主电路图如图 4-6 所示。

2. 双速电动机控制电路

控制电路如图 4-7 所示。

（1）低速控制工作原理。合上电源开关 QS，按下低速按钮 SB2，接触器 KM1 线圈通电，其自锁和互锁触点动作，实现对 KM1 线圈的自锁和对 KM2、KM3 线圈的互锁。主电路中的 KM1 主触点闭合，电动机定子绕组作△连接，电动机低速运转。

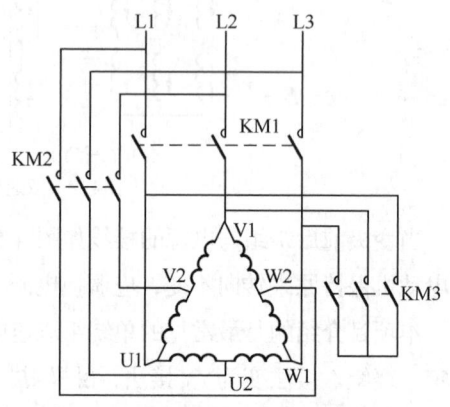

图4-6　4/2极的双速交流异步电动机主电路

（2）高速控制工作原理。合上电源开关 QS，按下高速按钮 SB3，接触器 KM1 线圈断电，在解除其自锁和互锁的同时，主电路中的 KM1 主触点也断开，电动机定子绕组暂时断电。因为 SB3 是复合按钮，动断触点断开后，动合触点就闭合，此刻接通接触

器 KM2 和 KM3 线圈。KM2 和 KM3 自锁和互锁同时动作,完成对 KM2 和 KM3 线圈的自锁及对 KM1 线圈的互锁。KM2 和 KM3 在主电路的主触点闭合,电动机定子绕组作 YY 连接,电动机高速运转。

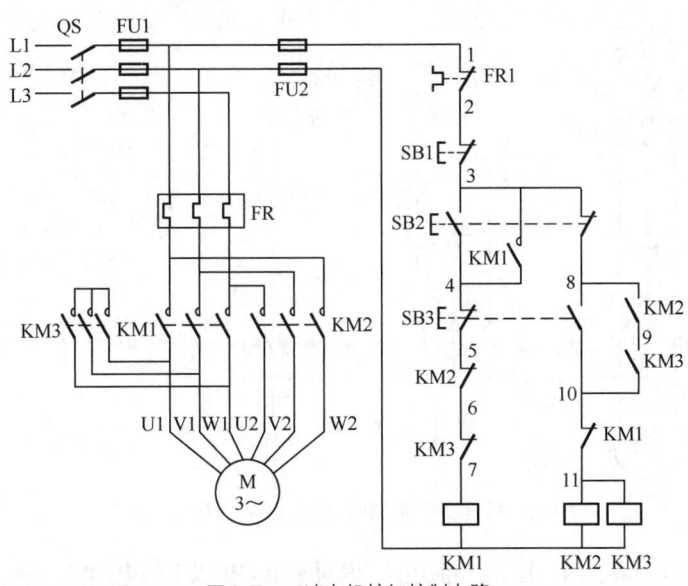

图4-7 双速电机按钮控制电路

(二)三相异步电动机电气制动控制线路

电动机若不采取任何措施直接切断电动机电源叫自由停车,电动机自由停车的时间随惯性大小而不同,时间较长,效率低,而某些生产机械要求迅速、准确地停车,如镗床、车床的主电动机需快速停车;起重机为使重物停位准确及现场安全要求,也必须采用快速、可靠的制动方式。采用什么制动方式、用什么控制原则来保证每种方法的可靠实现是需要解决的问题。

制动可分为机械制动和电气制动。电气制动是在电动机转子上加一个与电动机转向相反的制动电磁转矩,使电动机转速迅速下降,或稳定在另一转速。常用的电气制动有能耗制动与反接制动。

1. 三相异步电动机能耗制动控制电路

能耗制动是指电动机脱离交流电源后,立即在定子绕组的任意两相中加入一直流电源,在电动机转子上产生一制动转矩,使电动机快速停下来。由于能耗制动采用直流电源,故也称为直流制动。按控制方式可分为时间原则与速度原则制动两种。

（1）按速度原则控制的电动机单向运行能耗制动控制电路。

控制电路如图 4-8 所示,由 KM2 的一对主触点接通交流电源,经整流后,由 KM2 的另两对主触点通过限流电阻向电动机的两相定子绕组提供直流。

假设速度继电器的动作值调整为 120r/min,释放值为 100 r/min,电路工作过程如下：合上开关 QS,按下启动按钮 SB2→KM1 通电自锁,电动机启动→当转速上升至 120 r/min,KV 动合触点闭合,为 KM2 通电作准备。电动机正常运行时,KV 动合触点一直保持闭合状态→当需停车时,按下停车按钮 SB1→SB1 动断触点首先断开,使 KM1 断电,主回路中,电动机脱离三相交流电源→SB1 动合触点后闭合,使 KM2 线圈通电自锁。KM2 主触点闭合,交流电源经整流后经限流电阻向电动机

提供直流电源，在电动机转子上产生一制动转矩，使电动机转速迅速下降→当转速下降至 100 r/min，KV 动合触点断开，KM2 断电释放，切断直流电源，制动结束。电动机最后阶段自由停车。

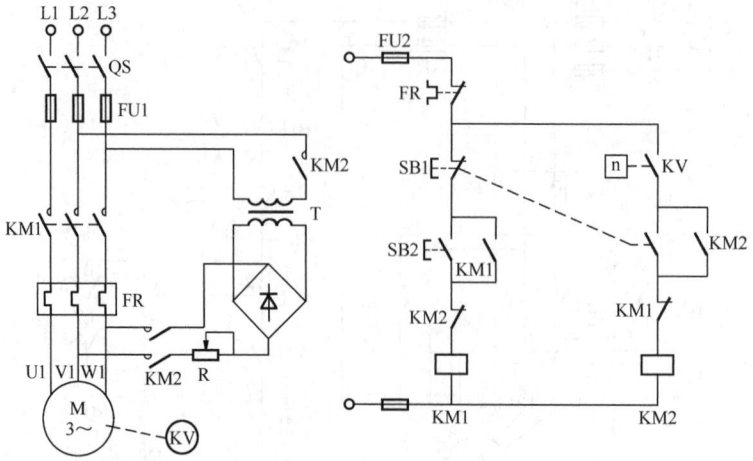

图4-8　按速度原则控制的电动机能耗制动控制电路

对于功率较大的电动机应采用三相整流电路，而对于 10kW 以下的电动机，在制动要求不高的场合，为减少设备、降低成本、减少体积，可采用无变压器的单管直流制动。制动电路可参考相关书籍。

（2）按时间原则控制的电动机单向运行能耗制动控制电路。

电路工作过程如下：合上开关 QS，按下启动按钮 SB2→KM1 通电自锁，电动机启动。当需停车时，按下停车按钮 SB1→SB1 动断触点首先断开，使 KM1 断电，主回路中，电动机脱离三相交流电源→SB1 动合触点后闭合，使 KM3、KT 线圈通电自锁。KM3 主触点闭合，交流电源经整流后经限流电阻向电动机提供直流电源，在电动机转子上产生一制动转矩，电动机进行能耗制动。KT 延时时间到，KT 常闭触点断开，KM3 断电释放，切断直流电源，制动结束。电动机停车。

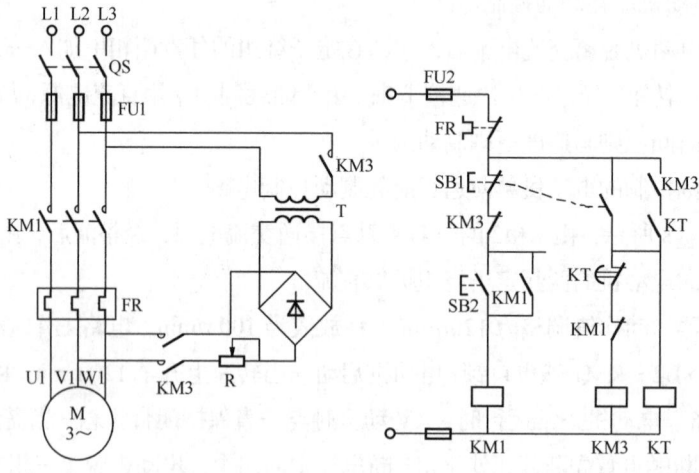

图4-9　按时间原则控制的电动机单向运行能耗制动控制电路

2. 三相异步电动机反接制动控制电路

反接制动是利用改变电动机电源的相序，使定子绕组产生相反方向的旋转磁场，从而产生制动转矩的一种制动方法。

反接制动刚开始时，转子与旋转磁场的相对速度接近于两倍的同步转速，所以定子绕组流过的制动电流相当于全压直接启动电流的两倍，因此，反接制动的特点是制动迅速，效果好，但冲击大。故反接制动一般用于电动机需快速停车的场合，如镗床上主电动机的停车等。为了减小冲击电流，通常要求在电动机主电路中串接一定的电阻以限制反接制动电流。反接制动电阻的接线方法有对称和不对称两种接法。图 4-10 所示主电路是三相串电阻的对称接法。对反接制动的另一个要求是在电动机转速接近于零时，必须及时切断反相序电源，以防止电动机反向再启动。

图 4-10 所示为异步电动机单向运行反接制动电路，KM1 为电动机单向旋转接触器，KM2 为反接制动接触器，制动时在电动机两相中串入制动电阻，用速度继电器来检测电动机转速。

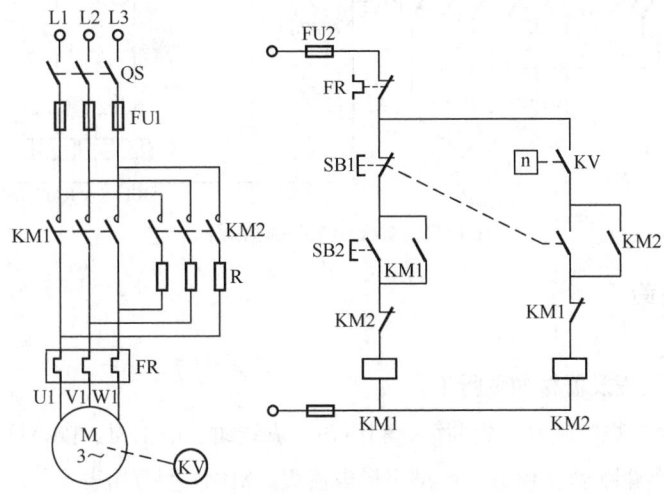

图4-10 速度原则控制的电动机反接制动控制电路

假设速度继电器的动作值为 120r/min，释放值为 100r/min，电路工作过程如下：合上开关 QS，按下启动按钮 SB2→KM1 动作，电动机转速很快上升至 120 r/min，速度继电器动合触点闭合。电动机正常运转时，此对触点一直保持闭合状态，为进行反接制动做好准备→当需要停车时，按下停止按钮 SB1→SB1 动断触点先断开，使 KM1 断电释放。主回路中，KM1 主触点断开，使电动机脱离正相序电源→SB1 动合触点后闭合，KM2 通电自锁，主触点动作，电动机定子串入对称电阻进行反接制动，使电动机转速迅速下降→当电动机转速下降至 100 r/min 时，KV 动合触点断开，使 KM2 断电解除自锁，电动机断开电源后自由停车。

项目实施与评估

一、项目任务

实现双速电动机控制电路的设计安装与调试试车。

1. 工作任务

工作任务见项目引入部分。

2. 工作原理图

工作原理图如图 4-11 所示。

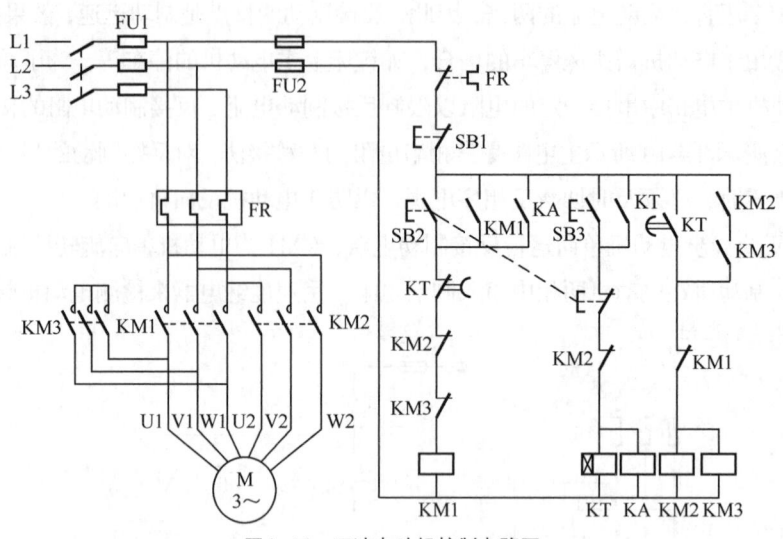

图4-11　双速电动机控制电路图

二、计划与决策

1. 工作准备

（1）所需工具、仪表及器材如下所示。

① 工具：测电笔、螺钉旋具、尖嘴钳、斜口钳、剥线钳、电工刀、校验灯等。

② 仪表：5050 型兆欧表、T301—A 型钳形电流表、MF47 型万用表。

③ 器材：双速电动机控制线路板一块；双速电机控制电路采用 BV1.5mm² 和 BVR1.5mm²（黑色）塑铜线，控制电路采用 BVR1 mm² 塑铜线（红色），接地线采用 BVR（黄绿双色）塑铜线（截面至少达到 1.5 mm²）；紧固体及编码套管等，其数量按需要而定。

（2）制定选用双速电动机控制电路的低压电器方案，制定项目计划单，列出器件明细表。

序号	名称	型号	规格与主要参数	数量	备注
1					
2					
3					
4					
5					
6					
7					
8					

2. 线路位置图

设计双速异步电动机控制线路的位置图。

3. 元件接线图

设计双速异步电动机线路的元件接线图。

三、项目实施

（1）按表配齐所用元件，并检验元件质量。

（2）按元件布置图（按钮 SB 可安装在控制板外）固定元器件。将元件固定在控制板上，要求元件安装牢固，并符合工艺要求。

（3）安装主电路。根据电动机容量选择主电路导线，按电气控制线路图接好主电路，参考图如图 4-11 所示。

（4）安装控制电路。根据电动机容量选择控制电路导线，按电气控制线路图接好控制电路。

四、检查与评估

1. 自检

检查主电路和控制线路的连接情况。

2. 通电试车

检查无误后通电试车。为保证人身安全，在通电试车时，要认真执行安全操作规程的有关规定，经老师检查并由老师现场监护。

接通三相电源 L1、L2、L3，合上电源开关 QS，用电笔检查熔断器出线端，氖管亮说明电源接通。分别按下 SB2、SB3 和 SB1，观察是否符合线路功能要求，观察元件动作是否灵活，有无卡阻及噪声过大现象，观察电动机运行是否正常，若有异常，立即停车检查。

3. 任务评价

实训考核及成绩评定

学生姓名：　　　　　　　　班级：　　　　　　　　　课程名称：

小组成员：　　　　　　　　带队教师：　　　　　　　实训日期：

项目内容及配分	要求	评分标准（100 分）	得分
元件的检查（10 分）	检查和测试电气元件的方法正确	每错一项扣 1 分	
	完整地填写元件明细表		
线路敷设（20 分）	按图接线，接线正确	一处不合格扣 2 分	
	槽内外走线整齐美观、不交叉		
	导线连接牢靠，没有虚接		
	号码管安装正确、醒目		
	电动机外壳安装了接地线		
线路检查（10 分）	在断电的情况下会用万用表检查线路	没有检查扣 10 分	
	通电前测量线路的绝缘电阻		

续表

项目内容及配分		要求		评分标准（100分）	得分
保护的整定（10分）		正确整定热继电器的整定值		不会整定扣5分	
		正确地选配熔体		选错熔体扣5分	
时间的整定（10分）		动作延时10s（1±10%）		每超过10%扣5分	
通电试车（30分）		试车一次成功		一次不成功扣20分	
安全文明操作（10分）		工具的正确使用，执行安全操作规定		每违反一次扣10分	
工时	180分钟	每超过10分钟扣分	−5分/10分钟	总分	

应用举例

一、双速异步电动机低速启动高速运行电气控制线路

1. 工作任务

某台△/YY接法的双速异步电动机，需要施行低速、高速连续运转和低速点动混合控制，且高速需要采用分级启动控制，即先低速启动，然后再自动切换为高速运转，试设计出能实现这一要求的电路图。

2. 设计电路原理图

设计电路原理图如图4-12所示。

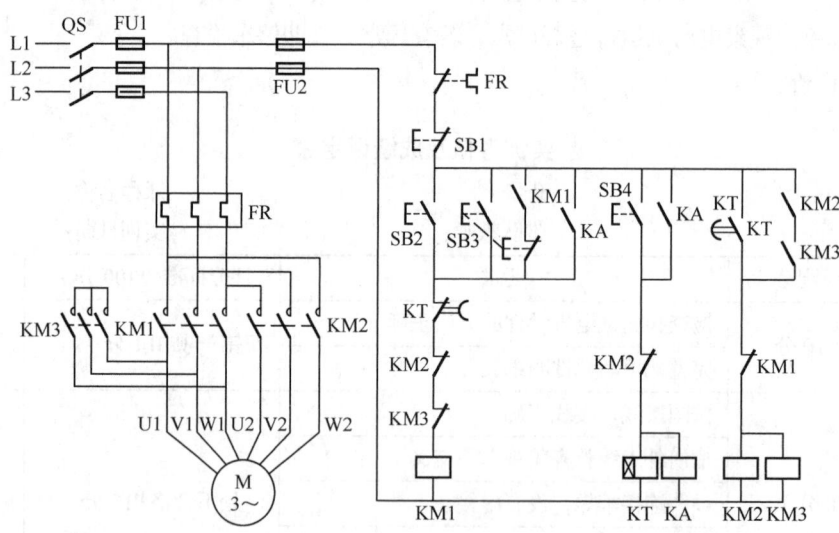

图4-12　△/YY接法的双速异步电动机低速、高速控制原理图

3. 工作原理分析

线路工作原理如下所述。

（1）低速运行。合上电源开关QS，按下低速启动按钮SB2，接触器KM1线圈得电并自锁，KM1

的主触点闭合，电动机 M 的绕组接成△接法并以低速运转。按下低速点动按钮 SB3，实现低速点动控制。

（2）低速启动，高速运行。合上电源开关 QS，按下高速启动按钮 SB4，中间继电器线圈 KA 得电并自锁，KA 的常开触点闭合使接触器 KM1 线圈得电并自锁，电动机 M 接成△接法低速启动；按钮 SB4，使时间继电器 KT 线圈同时得电吸合，经过一定时间后，KT 延时动断触点分断，接触器 KM1 线圈失电释放，KM1 主触点断开，KT 延时动合触点闭合，接触器 KM2、KM3 线圈得电并自锁，KM2、KM3 主触点同时闭合，电动机 M 的绕组连成 YY 接法并以高速运行。

（3）按下停止按钮 SB1 使电动机停止。

二、三相异步电动机正反向能耗制动控制线路

前面讲述了电动机单相能耗制动，同样，在很多生产设备控制线路中，也要求电动机正反转都进行能耗制动，三相异步电动机正反向能耗制动控制线路如图 4-13 所示。该线路由 KM1、KM2 实现电动机正反转，在停车时，由 KM3 给两相定子绕组接通直流电源，电阻 R 可以调节制动回路电流的大小，该线路能够实现能耗制动的点动控制。

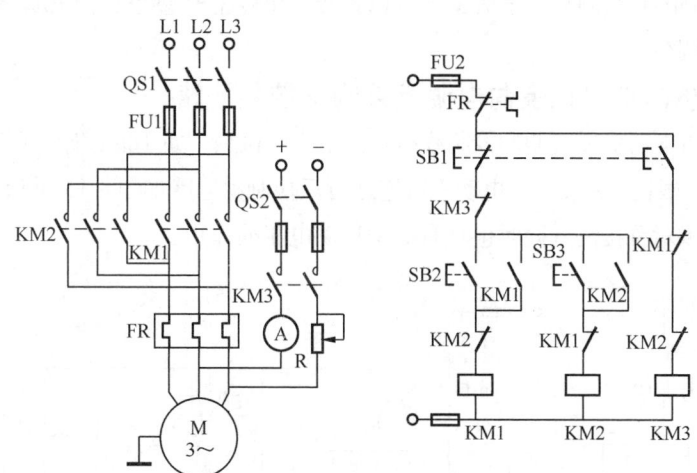

图4-13　三相异步电动机正反向能耗制动控制

图 4-14 所示为按时间原则进行控制的能耗制动控制电路。图中 KM1、KM2 分别为电动机正反转接触器，KM3 为能耗制动接触器；SB2、SB3 分别为电动机正反转启动按钮。

电路工作过程如下：合上开关 QS，按下启动按钮 SB2（SB3）→KM1（KM2）通电自锁，电动机正向（反向）启动、运行→若需停车，按下停止按钮 SB1→SB1 动断触点首先断开，使 KM1（正转时）或 KM2（反转时）断电并解除自锁，电动机断开交流电源→SB1 动合触点闭合，使 KM3、KT 线圈通电并自锁。KM3 动断辅助触点断开，进一步保证 KM1、KM2 失电。主回路中，KM3 主触点闭合，电动机定子绕组串电阻进行能耗制动，电动机转速迅速降低→当接近零时，KT 延时结束，其延时动断触点断开，使 KM3、KT 线圈相继断电释放。主回路中，KM3 主触点断开，切断直流电源，直流制动结束。电动机最后阶段自由停车。

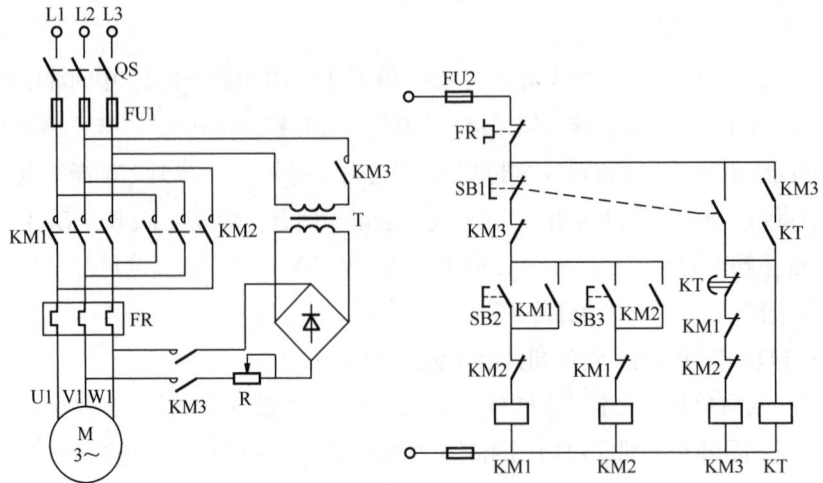

图4-14　按时间原则控制的可逆运行能耗制动控制电路

按时间原则控制的直流制动，一般适合于负载转矩和转速较稳定的电动机，这样，时间继电器的整定值不需经常调整。

三、三相异步电动机正反向电源反接制动控制线路

前面介绍了异步电动机反接制动控制线路，很多生产机械，如 T68 镗床，要求电动机正反转时都要进行反接制动。根据控制要求，电动机可逆运行反接制动电路如图 4-15 所示。图中电阻 R 既是反接制动电阻，为不对称接法，同时也具有限制启动电流的作用。

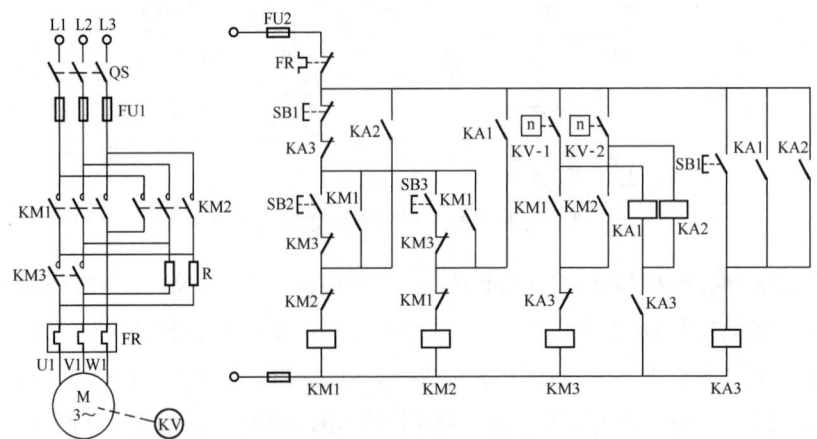

图4-15　电动机可逆运行反接制动控制电路

电路工作过程如下：合上开关 QS、按下正向启动按钮 SB2→KM1 通电自锁，主回路中电动机两相串电阻启动→当转速上升到速度继电器动作值时，KV-1 闭合，KM3 线圈通电，主回路中 KM3 主触点闭合短接电阻，电动机进入全压运行→需要停车时，按下停止按钮 SB1，KM1 断电解除自锁。电动机断开正相序电源→SB1 动合触点闭合，使 KA3 线圈通电→KA3 动断触点断开，使 KM3 线圈

保持断电；KA3 动合触点闭合，KA1 线圈通电，KA1 的一对动合触点闭合使 KA3 保持继续通电，另一对动合触点闭合使 KM2 线圈通电，KM2 主触点闭合。主回路中，电动机串电阻进行反接制动→反接制动使电动机转速迅速下降，当下降到 KV 的释放值时，KV-1 断开，KA1 断电→KA3 断电、KM2 断电，电动机断开制动电源，反接制动结束。

电动机反向启动和制动停车过程的分析与正转时相似，可自行分析。

四、T68 型卧式镗床电气控制线路分析及常见故障排除

镗床是用于孔加工的机床，与钻床比较，镗床主要用于加工精确的孔和各孔间的距离要求较精确的零件，如一些箱体零件（机床主轴箱、变速箱等）。镗床的加工形式主要是用镗刀镗削在工件上已铸出或已粗钻的孔，除此之外，大部分镗床还可以进行铣削、钻孔、扩孔、铰孔等加工。

镗床的主要类型有卧式镗床、坐标镗床、金刚镗床、专用镗床等，其中，以卧式镗床应用最广。T68 型卧式镗床的型号说明如下。

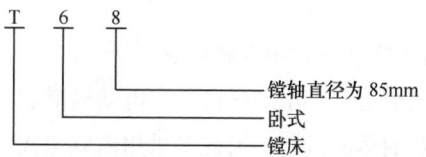

镗轴直径为 85mm
卧式
镗床

（一）T68 型卧式镗床的主要结构和运动形式

T68 型卧式镗床主要由床身、前立柱、主轴箱、工作台、后立柱、后支承架等部分组成，其外形结构如图 4-16 所示。

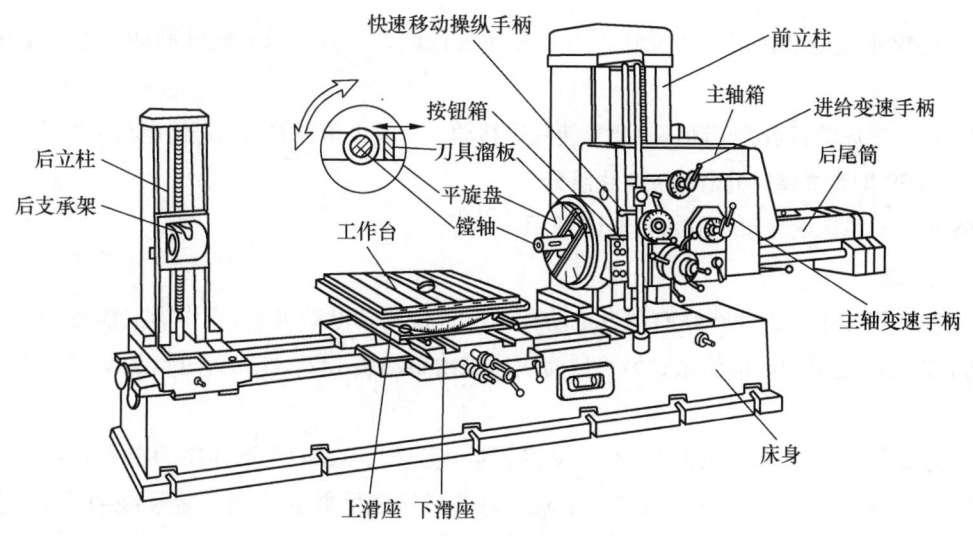

图4-16 卧式镗床结构示意图

T68 型卧式镗床的运动形式如下所述。

1. 主运动

主运动为镗轴和平旋盘的旋转运动。

2. 进给运动

进给运动包括以下 4 项。

（1）镗轴的轴向进给运动。

（2）平旋盘上刀具溜板的径向进给运动。

（3）主轴箱的垂直进给运动。

（4）工作台的纵向和横向进给运动。

3. 辅助运动

辅助运动包括以下 4 项。

（1）主轴箱、工作台等的进给运动上的快速调位移动。

（2）后立柱的纵向调位移动。

（3）后支承架与主轴箱的垂直调位移动。

（4）工作台的转位运动。

（二）T68 型卧式镗床的电力拖动形式和控制要求

（1）卧式镗床的主运动和进给运动都用同一台异步电动机拖动。为了适应各种形式和各种工件的加工，要求镗床的主轴有较宽的调速范围，因此多采用由双速或三速笼型异步电动机拖动的滑移齿轮有级变速系统。采用双速或三速电动机拖动，可简化机械变速机构。目前，采用电力电子器件控制的异步电动机无级调速系统已在镗床上获得广泛应用。

（2）镗床的主运动和进给运动都采用机械滑移齿轮变速，为有利于变速后齿轮的啮合，要求有变速冲动。

（3）要求主轴电动机能够正反转，可以点动进行调整，并要求有电气制动，通常采用反接制动。

（4）卧式镗床的各进给运动部件要求能快速移动，一般由单独的快速进给电动机拖动。

（三）T68 型卧式镗床的电气控制线路分析

T68 型卧式镗床电气原理图如图 4-17 所示。

1. 主电路

T68 卧式镗床电气控制线路有两台电动机：一台是主轴电动机 M1，作为主轴旋转及常速进给的动力，同时还带动润滑油泵；另一台为快速进给电动机 M2，作为各进给运动的快速移动的动力。

M1 为双速电动机，由接触器 KM4、KM5 控制：低速时，KM4 吸合，M1 的定子绕组为△连接，$n_N = 1460$ r/min；高速时，KM5 吸合，KM5 为两只接触器并联使用，定子绕组为 YY 连接，$n_N = 2880$r/min。KM1、KM2 控制 M1 的正反转。KV 为与 M1 同轴的速度继电器，在 M1 停车时，由 KV 控制进行反接制动。为了限制启动、制动电流并减小机械冲击，M1 在制动、点动及主轴和进给的变速冲动时串入了限流电阻器 R，运行时由 KM3 短接。热继电器 FR 作 M1 的过载保护。

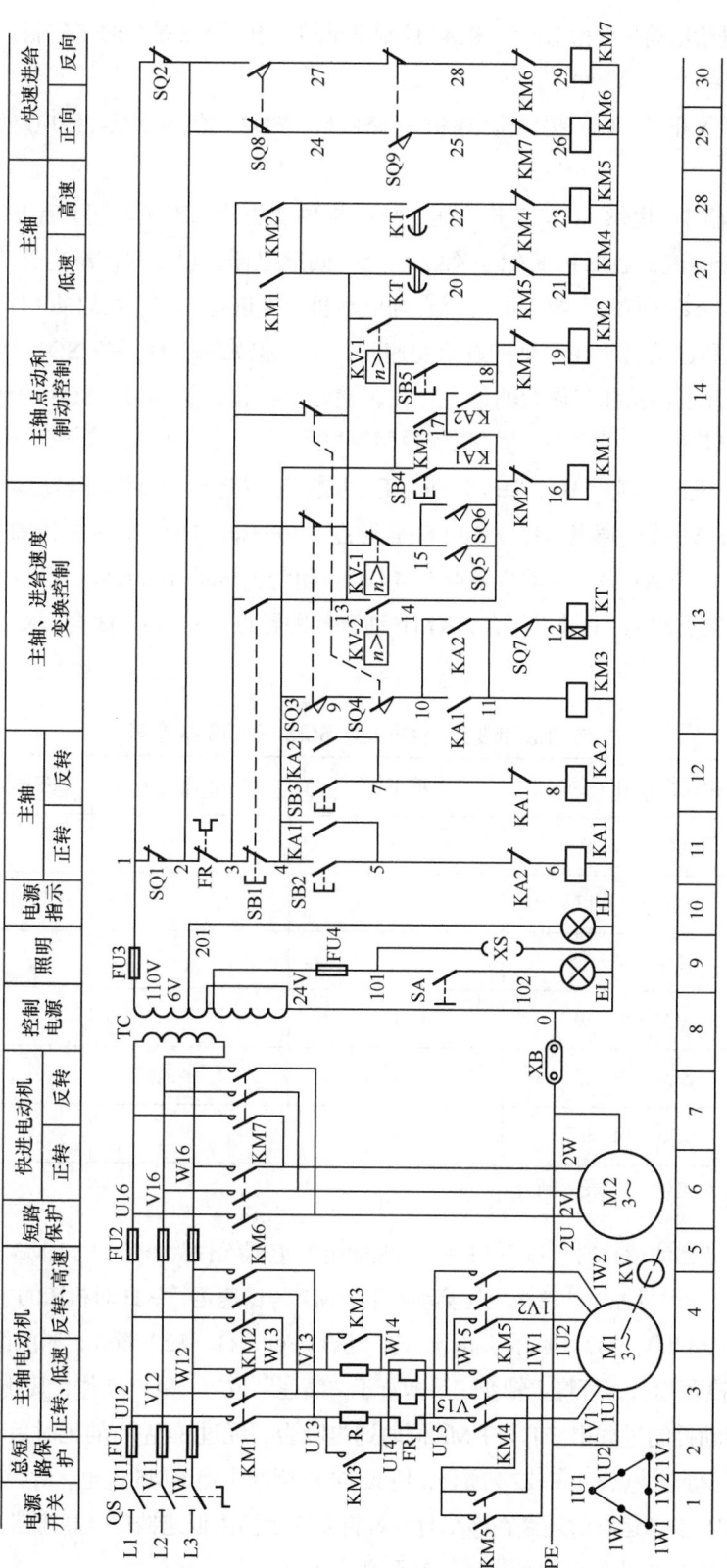

图4-17 T68镗床电气原理图

M2 为快速进给电动机，由 KM6、KM7 控制正反转。由于 M2 是短时工作制，所以不需要用热继电器进行过载保护。

QS 为电源引入开关，FU1 提供全电路的短路保护，FU2 提供 M2 及控制电路的短路保护。

2. 控制电路

由控制变压器 TC 提供 110V 工作电压，FU3 提供变压器二次侧的短路保护。控制电路包括 KM1～KM7 7 个交流接触器和 KA1、KA2 两个中间继电器，以及时间继电器 KT 共 10 个电器元件的线圈支路。该电路的主要功能是对主轴电动机 M1 进行控制。在启动 M1 之前，首先要选择好主轴的转速和进给量（在主轴和进给变速时，与之相关的行程开关 SQ3～SQ6 的状态见表 4-1），并且调整好主轴箱和工作台的位置（在调整好后行程开关 SQ1、SQ2 的动断触点（1—2）均处于闭合接通状态）。

（1）M1 的正反转控制。SB2、SB3 分别为正、反转启动按钮，下面以正转启动为例进行说明。

按下 SB2→KA1 线圈通电自锁→KA1 动合触点（10—11）闭合，KM3 线圈通电→KM3 主触点闭合短接电阻 R；KA1 另一对动合触点（14—17）闭合，与闭合的 KM3 辅助动合触点（4—17）使 KM1 线圈通电→KM1 主触点闭合；KM1 动合辅助触点（3—13）闭合，KM4 通电，电动机 M1 低速启动。

表 4-1　　　　　　　主轴和进给变速行程开关 SQ3～SQ6 状态表

	相关行程开关的触点	正常工作时	变速时	变速后手柄推不上时
主轴变速	SQ3（4—9）	+	−	−
	SQ3（3—13）	−	+	+
	SQ5（14—15）	−	−	+
进给变速	SQ4（9—10）	+	−	−
	SQ4（3—13）	−	+	+
	SQ6（14—15）	−	+	+

注：表中 + 表示接通　 − 表示断开

同理，在反转启动运行时，按下 SB3，相继通电的电器元件为：KA2→KM3→KM2→KM4。

（2）M1 的高速运行控制。若按上述启动控制，M1 为低速运行，此时机床的主轴变速手柄置于"低速"位置，微动开关 SQ7 不吸合，由于 SQ7 动合触点（11—12）断开，时间继电器 KT 线圈不通电。要使 M1 高速运行，可将主轴变速手柄置于"高速"位置，SQ7 动作，其动合触点（11—12）闭合，这样在启动控制过程中 KT 与 KM3 同时通电吸合，经过 3s 左右的延时后，KT 的动断触点（13—20）断开而动合触点（13—22）闭合，使 KM4 线圈断电而 KM5 通电，M1 为 YY 联结高速运行。无论是当 M1 低速运行时还是在停车时，若将变速手柄由低速挡转至高速挡，M1 都是先低速启动或运行，再经 3s 左右的延时后自动转换至高速运行。

（3）M1 的停车制动。M1 采用反接制动，KV 为与 M1 同轴的反接制动控制用的速度继电器，它在控制电路中有 3 对触点：动合触点（13—18）在 M1 正转时动作，另一对动合触点（13—14）在反转时闭合，还有一对动断触点（13—15）提供变速冲动控制。当 M1 的转速达到约 120 r/min 以上时，KV 的触点动作；当转速降至 40r/min 以下时，KV 的触点复位。下面以 M1 正转高速运行、按下停车按钮 SB1 停车制动为例进行分析。

按下 SB1→SB1 动断触点（3—4）先断开，先前得电的线圈 KA1、KM3、KT、KM1、KM5 相继断电→然后 SB1 动合触点（3—13）闭合，经 KV-1 使 KM2 线圈通电→KM4 通电，M1 △接法串电阻反接制动→电动机转速迅速下降至 KV 的复归值→KV-1 动合触点断开，KM2 断电→KM2 动合触点断开，KM4 断电，制动结束。

如果是 M1 反转时进行制动，则由 KV-2 （13—14）闭合，控制 KM1、KM4 进行反接制动。

（4）M1 的点动控制。SB4 和 SB5 分别为正反转点动控制按钮。当需要进行点动调整时，可按下 SB4（或 SB5），使 KM1 线圈（或 KM2 线圈）通电，KM4 线圈也随之通电，由于此时 KA1、KA2、KM3、KT 线圈都没有通电，所以 M1 串入电阻低速转动。当松开 SB4（或 SB5）时，由于没有自锁作用，所以 M1 为点动运行。

（5）主轴的变速控制。主轴的各种转速是由变速操纵盘来调节变速传动系统而取得的。在主轴运转时，如果要变速，可不必停车，只要将主轴变速操纵盘的操作手柄拉出（如图 4-18 所示，将手柄拉至②的位置），与变速手柄有机械联系的行程开关 SQ3、SQ5 均复位（见表 4-1），此后的控制过程如下（以正转低速运行为例）。

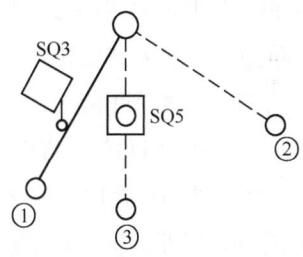

图4-18 主轴变速手柄位置示意图

将变速手柄拉出→SQ3 复位→SQ3 动合触点断开→KM3 和 KT 都断电→KM1 断电 KM4 断电，M1 断电后由于惯性继续旋转。

SQ3 动断触点（3—13）后闭合，由于此时转速较高，故 KV-1 动合触点为闭合状态→KM2 线圈通电→KM4 通电，电动机△接法进行制动，转速很快下降到 KV 的复位值→KV-1 动合触点断开，KM2、KM4 断电，断开 M1 反向电源，制动结束。

转动变速盘进行变速，变速后将手柄推回→SQ3 动作→SQ3 动断触点（3—13）断开；动合触点（4—9）闭合，KM1、KM3、KM4 重新通电，M1 重新启动。

由以上分析可知，如果变速前主电动机处于停转状态，那么变速后主电动机也处于停转状态。若变速前主电动机处于正向低速（△形连接）状态运转，由于中间继电器仍然保持通电状态，变速后主电动机仍处于△形连接下运转。同样道理，如果变速前电动机处于高速（YY）正转状态，那么变速后，主电动机仍先联结成△形，再经 3s 左右的延时，才进入 YY 联结高速运转状态。

（6）主轴的变速冲动。SQ5 为变速冲动行程开关，由表 4-1 可见，在不进行变速时，SQ5 的动合触点（14—15）是断开的；在变速时，如果齿轮未啮合好，变速手柄就合不上，即在图 4-18 中处于③的位置，则 SQ5 被压合→SQ5 的动合触点（14—15）闭合→KM1 由（13—15—14—16）支路通

电→KM4 线圈支路也通电→M1 低速串电阻启动→当 M1 的转速升至 120r/min 时→KV 动作，其动断触点（13—15）断开→KM1、KM4 线圈支路断电→KV-1 动合触点闭合→KM2 通电→ KM4 通电，M1 进行反接制动，转速下降→当 M1 的转速降至 KV 复位值时，KV 复位，其动合触点断开，M1 断开制动电源；动断触点（13—15）又闭合→KM1、KM4 线圈支路再次通电→M1 转速再次上升……这样使 M1 的转速在 KV 复位值和动作值之间反复升降，进行连续低速冲动，直至齿轮啮合好以后，方能将手柄推合至图 4-18 中 1 的位置，使 SQ3 被压合，SQ5 复位，变速冲动才告结束。

（7）进给变速控制。与上述主轴变速控制的过程基本相同，只是在进给变速控制时，拉动的是进给变速手柄，动作的行程开关是 SQ4 和 SQ6。

（8）快速移动电动机 M2 的控制。为缩短辅助时间，提高生产效率，由快速移动电动机 M2 经传动机构拖动镗头架和工作台作各种快速移动。运动部件及运动方向的预选由装在工作台前方的操作手柄进行，而控制则是由镗头架的快速操作手柄进行。当扳动快速操作手柄时，将压合行程开关 SQ8 或 SQ9，接触器 KM6 或 KM7 通电，实现 M2 快速正转或快速反转。电动机带动相应的传动机构拖动预选的运动部件快速移动。将快速移动手柄扳回原位时，行程开关 SQ5 或 SQ6 不再受压，KM6 或 KM7 断电，电动机 M2 停转，快速移动结束。

（9）联锁保护。为了防止工作台及主轴箱与主轴同时进给，将行程开关 SQ1 和 SQ2 的动断触点并联在控制电路（1—2）中。当工作台及主轴箱进给手柄在进给位置时，SQ1 的触点断开；而当主轴的进给手柄在进给位置时，SQ2 的触点断开。如果两个手柄都处在进给位置，则 SQ1、SQ2 的触点都断开，机床不能工作。

3. 照明电路和指示灯电路

由变压器 TC 提供 24V 安全电压供给照明灯 EL，EL 的一端接地，SA 为灯开关，由 FU4 提供照明电路的短路保护。XS 为 24V 电源插座。HL 为 6V 的电源指示灯。

4. T68 型卧式镗床常见电气故障的诊断与检修

镗床常见电气故障的诊断与检修与铣床大致相同，但由于镗床的机—电联锁较多，且采用双速电动机，所以会有一些特有的故障，现举例分析如下。

（1）主轴的转速与标牌的指示不符。这种故障一般有两种现象：第一种是主轴的实际转速比标牌指示转数增加或减少一倍，第二种是 M1 只有高速或只有低速。前者大多是由于安装调整不当而引起的。T68 型镗床有 18 种转速，是由双速电动机和机械滑移齿轮联合调速来实现的。第 1，2，4，6，8，…挡是由电动机以低速运行驱动的，而 3，5，7，9，…挡是由电动机以高速运行来驱动的。由以上分析可知，M1 的高低速转换是靠主轴变速手柄推动微动开关 SQ7，由 SQ7 的动合触点（11—12）通、断来实现的。如果安装调整不当，使 SQ7 的动作恰好相反，则会发生第一种故障。而产生第二种故障的主要原因是 SQ7 损坏（或安装位置移动）。如果 SQ7 的动合触点（11—12）总是接通，则 M1 只有高速；如果总是断开，则 M1 只有低速。此外，KT 的损坏（如线圈烧断、触点不动作等），也会造成第二种故障的发生。

（2）M1 能低速启动，但置"高速"挡时，不能高速运行而自动停机。M1 能低速启动，说明接触器 KM3、KM1、KM4 工作正常；而低速启动后不能换成高速运行且自动停机，又说明时间继电器 KT 是工作的，其动断触点（13—20）能切断 KM4 线圈支路，而动合触点（13—22）不能接通 KM5 线圈支路，因此，应重点检查 KT 的动合触点（13—22），此外，还应检查 KM4 的互锁动断触点（22—23）。按此思路，接下去还应检查 KM5 有无故障。

（3）M1 不能进行正反转点动、制动及变速冲动控制。其原因往往是上述各种控制功能的公共电路部分出现故障，如果伴随着不能低速运行，则故障可能出在控制电路 13—20—21—0 支路中有断开点，否则，故障可能出在主电路的制动电阻器 R 及引线上有断开点。如果主电路仅断开一相电源，电动机还会伴有断相运行时发出的"嗡嗡"声。

项目小结

本项目以双速异步电动机设计安装与调试试车项目引入，讲述了速度继电器、双速电动机的结构特点、工作原理和应用。速度继电器是反映转速和转向的继电器，主要用作笼型异步电动机的反接制动控制，所以也称反接制动继电器，主要由转子、定子和触点 3 部分组成。双速电动机属于异步电动机变极调速，主要是通过改变定子绕组的连接方法达到改变定子旋转磁场磁极对数，从而改变电动机转速的目的。

在应用举例中介绍了双速异步电动机控制线路的结构组成、工作原理及安装调试技能。三相异步电动机制动常用的有能耗制动和反接制动，能耗制动是指电动机脱离交流电源后，立即在定子绕组的任意两相中加入一直流电源，在电动机转子上产生制动转矩，使电动机快速停下。反接制动是利用改变电动机电源的相序，使定子绕组产生相反方向的旋转磁场，因而产生制动转矩的一种制动方法。本项目中还介绍了单向和正反转能耗制动、反接制动控制线路的组成、工作原理和调试技能。

本项目还重点讲述了 T68 卧式镗床的基本结构、运动形式、操作方法、电动机和电器元件的配置情况，以及机械、液压系统与电气控制的关系等方面知识；详细分析了 T68 卧式镗床、电气控制线路组成、工作原理、安装调试方法，还讲述了 T68 型卧式镗床常见电气故障的诊断与检修方法。

引导及习题

1. 简述双速异步电动机的工作原理。
2. 双速异步电动机由低速转为高速是否需要换向，如需换向应怎样换，请画图说明。
3. 画出电动机 6 个绕组 U1.V1.W1;U2.V2.W2 低速△及高速 YY 的联结方式。
4. 如一个双速异步电动机如需变为高速，其转速为多少？
5. 画出双速电动机控制线路电路图，分析工作原理，并按规定标注线号。

6. T68 镗床与 X62W 铣床的变速冲动有什么不同，T68 镗床在进给时能否变速?

7. T68 型卧式镗床能低速启动，但不能高速运行，试分析故障的原因。

8. 双速电动机高速运行时通常须先低速启动而后转入高速运行，这是为什么?

9. 简述速度继电器的结构、工作原理及用途。

Chapter 5

项目五

| 电气控制综合控制线路 |

【学习目标】

1. 了解桥式起重机的基本结构与运动形式。
2. 了解桥式起重机对电力拖动控制的主要要求。
3. 能检修电流、电压继电器、凸轮控制器的常见电气故障。
4. 能分析与设计绕线式异步电动机启动调速控制电路。
5. 能完成绕线式异步电动机启动调速控制线路的安装调试。
6. 会进行桥式起重机的凸轮控制器控制线路工作原理分析。

| 项目引入 |

桥式起重机又称天车、行车、吊车，是一种用来起吊和放下重物，并在短距离内水平移动的起重机械，广泛地应用在室内外仓库、厂房、码头和露天贮料场等处。桥式起重机桥架在高架轨道上运行，其桥架沿铺设在两侧高架上的轨道纵向运行，起重小车沿铺设在桥架上的轨道横向运行。它对减轻工人劳动强度、提高劳动生产率、促进生产过程机械化起着重要的作用，是现代化生产中不可缺少的起重工具。桥式起重机可分为简易梁桥式起重机、普通桥式起重机和冶金专用桥式起重机3 种。常见的有 5t、10t 单钩起重机及 15/3t、20/5t 等双钩起重机。桥式起重机外形如图 5-1 所示。

图5-1　150/50t双梁桥式起重机外形图

一、桥式起重机的结构及运动形式

普通桥式起重机一般由起重小车、桥架（又称大车）运行机构、桥架金属结构、司机室组成。20/5t 桥式起重机结构示意图如图 5-2 所示。

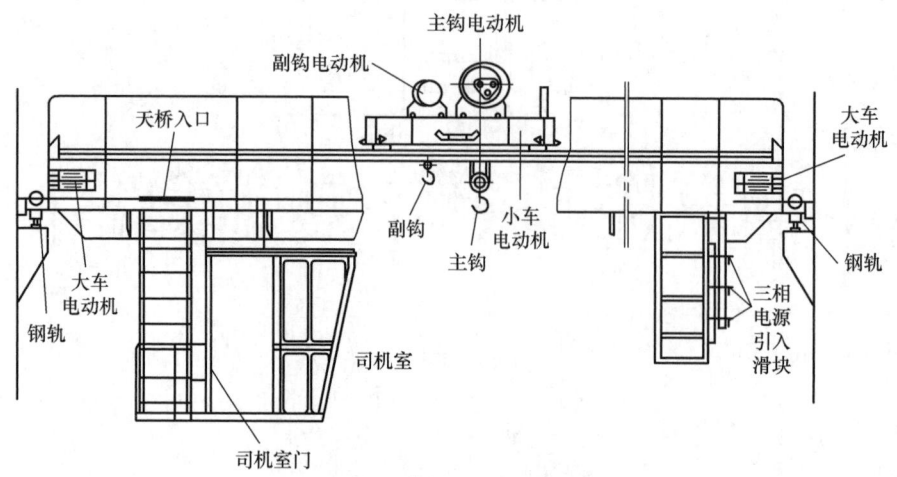

图5-2　10/5t桥式起重机结构示意图

1. 起重小车

起重小车由起升机构、小车运行机构、小车架和小车导电滑线等组成。

起升机构包括电动机、制动器、减速器、卷筒和滑轮组。电动机通过减速器，带动卷筒转动，使钢丝绳绕上卷筒或从卷筒放下，以升降重物。小车架是支托和安装起升机构和小车运行机构等部件的机架，通常为焊接结构。20/5t 起重机小车上的提升机构有 20t 的主钩与 5t 的副钩。起重小车是经常移动的，提升机构、小车上的电动机，电磁抱闸的电源通常采用滑触线和电刷供电，由加高在大车上的辅助滑触线来供给的。转子电阻也通过辅助滑触线与电动机连接。

2. 桥架运行机构

桥架又称大车。起重机桥架运行机构的驱动方式可分为两大类：一类为集中驱动，即用一台电动机带动长传动轴驱动两边的主动车轮；另一类为分别驱动，即两边的主动车轮各用一台电动机驱动。中、小型桥式起重机较多采用制动器、减速器和电动机组合成一体的"三合一"驱动方式，大起重量的普通桥式起重机为便于安装和调整，驱动装置常采用万向联轴器，由大车电动机进行驱动控制。

起重机运行机构一般只用 4 个主动和从动车轮，如果起重量很大，常用增加车轮的办法来降低轮压。当车轮超过 4 个时，必须采用铰接均衡车架装置，使起重机的载荷均匀地分布在各车轮上。

桥式起重机相对于支承机构进行运动，电源由 3 根主滑触线通过电刷引进起重机驾驶室内的保护控制盘上，3 根主滑触线沿着平行于大车轨道方向敷设在厂房的一侧。

3. 桥架的金属结构

桥架的金属结构由主梁和端梁组成，分为单主梁桥架和双梁桥架两类。单主梁桥架由单根主梁和位于横跨两边的端梁组成，双梁桥架由两根主梁和端梁组成。

主梁与端梁刚性连接，端梁两端装有车轮，用以支承桥架在高架上运行。主梁上焊有轨道，供起重小车运行。

普通桥式起重机主要采用电力驱动，一般是在司机室内进行操纵，也有远距离控制的，起重量可达 500t，跨度可达 60m。

4. 司机室

司机室是操纵起重机的吊舱，也称操纵室、驾驶室。司机室内有大、小车移动机构控制装置、提升机械控制装置以及起重机的保护装置等。司机室一般固定在主梁的一端，上方开有通向桥架走台的舱口，供检修人员进出桥架（天桥）之用。

桥式起重机的运动形式有以下 3 种（以坐在司机室内操纵的方向为参考方向）。

（1）起重机由大车电动机驱动大车运动机械沿车间基础上的大车轨道做左右运动。

（2）小车与提升机构由小车电动机驱动小车运动机构沿桥架上的轨道做前后运动。

（3）起重电动机驱动提升机构带动重物做上下运动。

因此，桥式起重机挂着物体在厂房内可做上、下、左、右、前、后 6 个方向的运动来完成物体的移动。

二、桥式起重机对电力拖动控制的主要要求

为提高起重机的生产率和生产安全，对起重机提升机构电力拖动控制提出如下要求。

（1）在提升时，具有合理的升降速度。在空钩时能快速升降，以减少辅助工时；轻载时的提升速度应大于额定负载时的提升速度；额定负载时速度最慢。

（2）具有一定的调速范围。由于受允许静差率的限制，所以普通起重机的调速范围为 2～3，要求较高的则要达到 5～10。

（3）为消除传动间隙，将钢丝绳张紧，以避免过大的机械冲击，提升的第一挡作为预备级，该级启动转矩一般限制在额定转矩的一半以下。

（4）下放重物时，依据负载大小，拖动电动机可运行在下放电动状态（加力下放）、倒拉反接制动状态、超同步制动状态或单相制动状态。

（5）必须设有机械抱闸以实现机械制动。大车运行机构和小车运行机构对电力拖动自动控制的要求比较简单，要求有一定的调速范围，分几挡进行控制，为实现准确停车，采用机械制动。

桥式起重机应用广泛，起重机电气控制设备都已系列化、标准化，都有定型的产品。后面将对桥式起重机的控制设备和控制线路原理进行介绍。

以上介绍了桥式起重机的运动形式与电力拖动控制的要求，下面需要学习与起重机电气控制相关的电器元件凸轮控制器、电磁抱闸器结构和工作原理，学习电流继电器和电压继电器的结构、工作原理及用途，并学习绕线转子异步电动机的启动及调速控制。

相关知识

一、电气控制器件

（一）电流继电器

根据继电器线圈中电流的大小而接通或断开电路的继电器叫做电流继电器。使用时，电流继电器的线圈串联在被测电路中。为了使串入电流继电器线圈后不影响电路正常工作，电流继电器线圈的匝数要少，导线要粗，阻抗要小。

电流继电器分为过电流继电器和欠电流继电器两种。

1. 过电流继电器

当继电器中的电流超过预定值时，引起开关电器有延时或无延时动作的继电器称为过电流继电器。它主要用于频繁启动和重载启动的场合，作为电动机和主电路的过载和短路保护。

（1）结构及工作原理。JL 系列电流继电器外形如图 5-3 所示。JT4 系列过电流继电器的外形结构如图 5-4 所示，主要由线圈、铁心、衔铁、触点系统和反作用弹簧等组成。

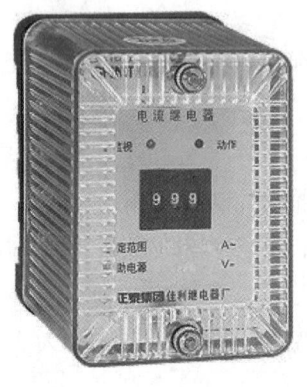

图5-3　JL系列电流继电器外形图

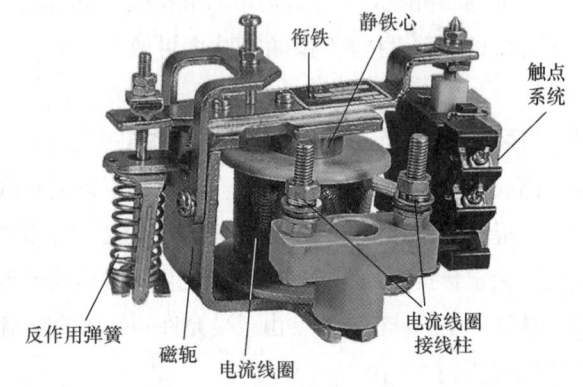

图5-4　JT4系列电流继电器结构图

当线圈通过的电流为额定值时，所产生的电磁吸力不足以克服弹簧的反作用力，此时衔铁不动作。当线圈通过的电流超过整定值时，电磁吸力大于弹簧的反作用力，铁心吸引衔铁动作，带动动断触点断开，动合触点闭合。调整反作用弹簧的作用力，可整定继电器的动作电流值。该系列中有的过电流继电器带有手动复位机构，这类继电器过电流动作后，当电流再减小甚至到零时，衔铁也不能自动复位，只有当操作人员检查并排除故障后，手动松掉锁扣机构，衔铁才能在复位弹簧作用下返回，从而避免重复过电流事故的发生。

JT4 系列为交流通用继电器，在这种继电器的电磁系统上装设不同的线圈，便可制成过电流、欠电流、过电压或欠电压等继电器。JT4 都是瞬动型过电流继电器，主要用于电动机的短路保护。

过电流继电器在电路图中的符号如图 5-5（c）所示。

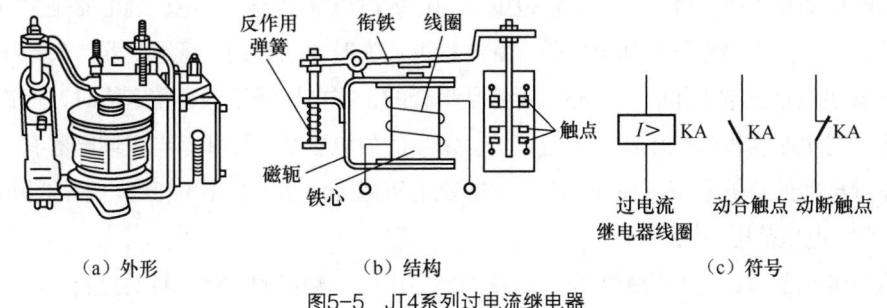

图5-5 JT4系列过电流继电器

（2）型号。常用的过电流继电器有 JT4 系列交流通用继电器和 JL14 系列交直流通用继电器，其型号及含义分别如下所示。

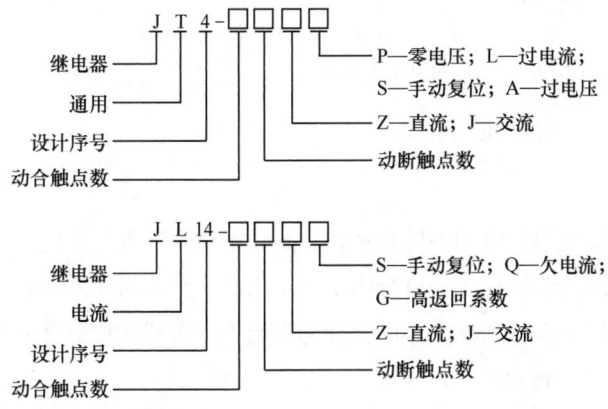

2. 欠电流继电器

当通过继电器的电流减小到低于整定值时动作的继电器称为欠电流继电器。在线圈电流正常时这种继电器的衔铁与铁心是吸合的。它常用于直流电动机励磁电路和电磁吸盘的弱磁保护。

常用的欠电流继电器有 JL14—Q 等系列产品，其结构与工作原理和 JT4 系列继电器相似。这种继电器的动作电流为线圈额定电流的 30%～65%，释放电流为线圈额定电流的 10%～20%，因此，当通过欠电流继电器线圈的电流降低到额定电流的 10%～20%时，继电器即释放复位，其动合触点断开，动断触点闭合，给出控制信号，使控制电路作出相应的反应。

欠电流继电器在电路图中的符号如图 5-6 所示。

（二）电压继电器

反映输入量为电压的继电器称为电压继电器。使用时，电压继电器的线圈并联在被测量的电路中，根据线圈两端电压的大小而接通或断开电路，因此这种继电器线圈的导线细、匝数多、阻抗大。

根据实际应用的要求，电压继电器分为过电压继电器、欠电压继电器。

过电压继电器是当电压大于整定值时动作的电压继电器，主要用于对电路或设备作过电压保护，常用的过电压继电器为 JT4—A 系列，其动作电压可在 105%～120%额定电压范围内调整。

欠电压继电器是当电压降至某一规定范围时动作的电压继电器；零电压继电器是欠电压继电器的一种特殊形式，是当继电器的端电压降至 0 或接近消失时才动作的电压继电器。欠电压继电器和零电压继电器在线路正常工作时，铁心与衔铁是吸合的，当电压降至低于整定值时，衔铁释放，带动触点动作，对电路实现欠电压或零电压保护。常用的欠电压继电器和零电压继电器有 JT4—P 系列，欠电压继电器的释放电压可在 40%～70%额定电压范围内整定，零电压继电器的释放电压可在 10%～35%额定电压范围内调节。

选择电压继电器时，主要依据继电器的线圈额定电压、触点的数目和种类进行。

电压继电器在电路图中的符号如图 5-7 所示。

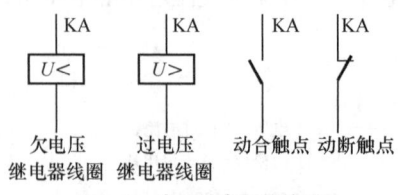

图5-7　电压继电器的符号

（三）电磁抱闸器

电磁抱闸器也称电磁制动器，是使机器在很短时间内停止运转并闸住不动的装置，是机床的重要部件，它既是工作装置又是安全装置。制动器根据构造可分为块式制动器、盘式制动器、多盘式制动器、带式制动器、圆锥式制动器等；根据操作情况的不同又分为常闭式、常开式和综合式制动器；根据动力不同，又分为电磁制动器和液压制动器。

常闭式双闸瓦制动器具有结构简单、工作可靠的特点。平时，常闭式制动器抱紧制动轮，当起重机工作时才松开，这样无论在任何情况停电时，闸瓦都会抱紧制动轮，保证了起重机的安全。图 5-8 是短行程与长行程电磁瓦块制动器的实物图。

（a）短行程电磁瓦块式制动器　　　　（b）长行程电磁瓦块式制动器

图5-8　短行程电磁瓦块式制动器实物图

1. 短行程电磁式制动器

图 5-9 为短行程电磁瓦块式制动器的工作原理图。制动器是借助主弹簧，通过框形拉板使左右制动臂上的制动瓦块压在制动轮上，借助制动轮和制动瓦块之间的摩擦力来实现制动的。制动器松

闸借助于电磁铁。当电磁铁线圈通电后，衔铁吸合，将顶杆向右推动，制动臂带动制动瓦块同时离开制动轮。在松闸时，左制动臂在电磁铁自重作用下左倾，制动瓦块也离开了制动轮。为防止制动臂倾斜过大，可用调整螺钉来调整制动臂的倾斜量，以保证左右制动瓦块离开制动轮的间隙相等。副弹簧的作用是把右制动臂推向右倾，防止在松闸时，整个制动器左倾而造成右制动瓦块离不开制动轮。

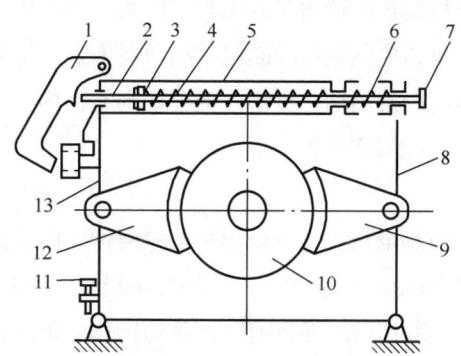

图5-9 短行程电磁瓦块式制动器的工作原理图
1— 电磁铁 2— 顶杆 3— 锁紧螺母 4— 主弹簧 5— 框形拉板 6— 副弹簧 7—调整螺母
8、13—制动臂 10—被制动的轮 11—调整螺钉 9、12—制动瓦块

短行程电磁瓦块式制动器具有动作迅速、结构紧凑、自重小、铰链比长行程少、死行程少、制动瓦块与制动臂铰链连接、制动瓦与制动轮接触均匀、磨损均匀等优点，但由于行程小、制动力矩小，多用于制动力矩不大的场合。

2. 长行程电磁式制动器

当机构要求有较大的制动力矩时，可采用长行程制动器。按照驱动装置和产生制动力矩的方式不同，长行程制动器又分为重锤式长行程电磁铁、弹簧式长行程电磁铁、液压推杆式长行程及液压电磁铁等双闸瓦制动器。制动器也可在短期内用来降低或调整机器的运转速度。

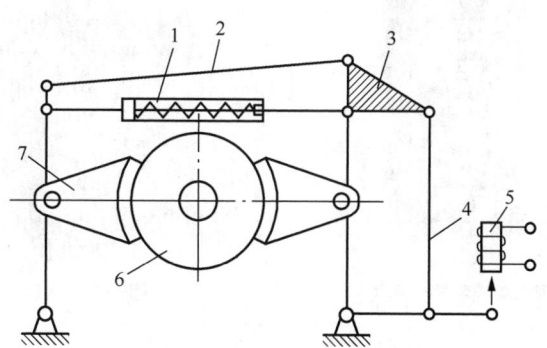

图5-10 长行程电磁式制动器原理图
1—压缩制动弹簧 2、4—螺杆 3—杠杆板 5—电磁铁 6—闸轮 7—闸瓦

图5-10为长行程电磁式制动器工作原理图。它通过杠杆系统来增加上闸力。其松闸通过电磁铁产生电磁力经杠杆系统实现，紧闸借助弹簧力通过杠杆系统实现。当电磁线圈通电时，水平杠杆抬起，带动螺杆4向上运动，使杠杆板3绕轴逆时针方向旋转，压缩制动弹簧1，在螺杆2与杠杆作

用下，两个制动臂带动制动瓦左右运动而松闸。当电磁铁线圈断电时，靠制动弹簧的张力使制动闸瓦闸住制动轮。与短行程电磁式制动器比较，长行程电磁式制动器由于在结构上增加了一套杠杆系统并采用了三相电源，因此制动力矩大，制动轮直径增大，工作较平稳可靠、制动时自振小。连接方式与电动机定子绕组连接方式相同，有△连接和Y连接。

上述两种电磁铁制动器的结构都比较简单，能与它控制的机构用电动机的操作系统联锁，当电动机停止工作或发生停电事故时，电磁铁自动断电，制动器抱紧，实现安全操作。但如果电磁铁吸合时冲击大、有噪声，且机构需经常启动、制动，电磁铁则易损坏。为了克服电磁块式制动器冲击大的缺点，现采用了液压推杆专柜式制动器。

（四）凸轮控制器

控制器是一种大型的手动控制电器，它分鼓形和凸轮两种，由于鼓形控制器的控制容量小，体积大，操作频率低，切换位置和电路较少，经济效果差，因此，已被凸轮控制器所代替。常用的凸轮控制器有 LK5 和 LK6 系列，其中 LK5 系列有直接手动操作、带减速器的机械操作与电动机驱动等 3 种形式的产品。LK6 系列的特点是由同步电动机和齿轮减速器组成定时元件，由此元件按规定的时间顺序，周期性地分合电路。

凸轮控制器主要用于起重设备中控制中小型绕线式异步电动机的启动、停止、调速、换向和制动，也适用于有相同要求的其他电力拖动场合，如卷扬机等。应用凸轮控制控制电动机，控制电路简单，维修方便，广泛用于中小型起重机的平移机构和小型起重机提升机构的控制中。KTJ1 、KT12 系列凸轮控制器的外形与内部结构如图 5-11、图 5-12 所示。

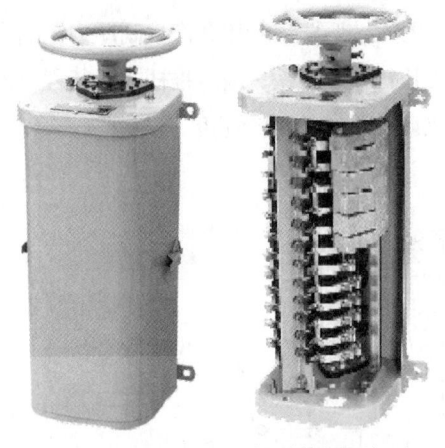

图5-11　KTJ1-50/12系列凸轮控制器外形图

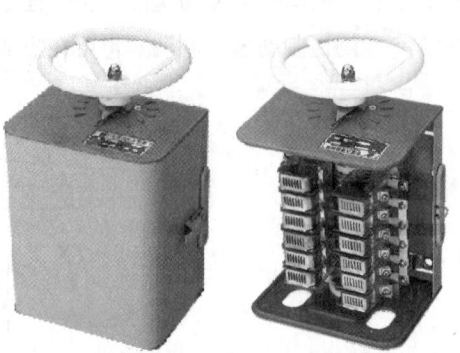

图5-12　KT12系列凸轮控制器外形图

1. 结构与动作原理

凸轮控制器都做成保护式结构，借可拆卸的外罩以防止触及带电部分。KTJ1-50 型凸轮控制器的壳内装有凸轮元件，它由静触点与动触点组成。凸轮元件装于角钢上，绝缘支架装上静触点及接线头，动触点的杠杆一端装上动触点，另一装上滚子，壳内还有由凸轮及轴构成的凸轮鼓。分合转子电路或定子电路的凸轮元件的触点部分用石棉水泥弧室间隔，这些弧室被装于小轴上，若要使凸轮鼓停在需要的位置上，则靠定位机构来执行，定位机构由定位轮定位器和弹簧组成。操作控制器

是借助与凸轮鼓联在一起的手轮来进行工作的，连接导线的引入是经控制器下基座的孔穿入的。控制器可固定在墙壁、托架等任何位置上，它有安装用的专用孔，躯壳上备有接地用的专用螺钉，手轮通过凸轮环接地。当转动手轮时，凸轮压下滚子，使杠杆转动，装在杠杆上的动触头也随之转动。继续转动杠杆则触点分开。关合触点以相反的次序转动手轮而进行，凸轮离开滚子后，弹簧将杆顶回原位。动触点对杠杆的转动即为触点的超额行程，其作用为触点磨损时保证触点间仍有必须的压力。

2. 型号意义与选择

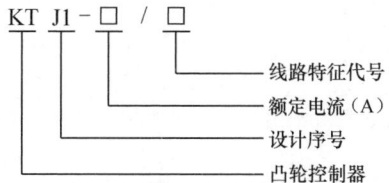

3. 触点分断图、表与文字符号

凸轮控制器触点分断表见表 5-1，LK14-12/96 型凸轮控制器有 12 对触点，操作手柄的位置有 13 个位置，手柄在 "0" 位时，只有 K1 这对触点是接通的，其余各点都处在断开状态。当手柄放在下降第一挡时，K1 断开，K3、K4、K6、K7 闭合，当手柄放放在第 2 挡时，K3、K4、K6、K7 保持闭合，增加一对触点 K8 闭合，其他挡位的触点分断情况的分析方法相同。凸轮控制器图形符号如图 5-13 所示。

表 5-1　　　　　　　　LK14-12/96 型凸轮控制器触点分断表

触点	下降						SA	上升					
	6	5	4	3	2	1	0	1	2	3	4	5	6
K1							×						
K2											×	×	×
K3	×	×	×	×	×	×		×	×	×			
K4	×	×	×	×	×	×		×	×	×	×	×	×
K5											×	×	×
K6	×	×	×	×	×	×		×	×	×			
K7	×	×	×	×	×	×		×	×	×	×	×	×
K8								×					
K9	×	×	×	×									×
K10	×	×	×										×
K11	×	×											×
K12	×												×
×-表示触点闭合													

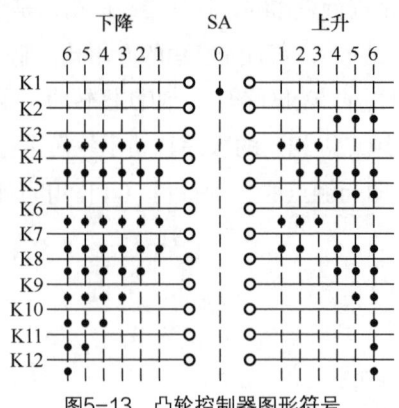

图5-13 凸轮控制器图形符号

二、电气控制线路

起重机经常需要重载启动，因此提升机构和平移机构的电动机一般采用启动转矩较大的绕线转子异步电动机，以减小电流而增加启动转矩。绕线转子异步电动机由于其独特的结构，一般不采取定子绕组降压启动，而在转子回路外接变阻器，因此，绕线转子异步电动机的启动控制方式和笼型异步电动机有所不同。三相绕线转子异步电动机的启动，通常采用在转子绕组回路中串接启动电阻和接入频敏变阻器等方法。

（一）绕线式异步电动机转子串电阻启动控制线路

1. 主电路控制电路

如图 5-14（a）所示，在绕线异步电动机的转子电路中通过滑环与外电阻器相连。启动时，控制器触点 S1～S3 全断开，合上电源开关 QS 后，电动机开始启动，此时电阻器的全部电阻都串入转子电路中，随着转速的升高，S1 闭合，转速继续升高，再闭合 S2，最后闭合 S3，转子电阻就这样逐级地被全部切除，启动过程结束。

电动机在整个启动过程中的启动转矩较大，适合于重载启动，因此这种启动方法主要用于桥式起重机、卷扬机、龙门吊车等设备的电动机上；其主要缺点是所需启动设备较多，启动级数较少，启动时有一部分能量消耗在启动电阻上。考虑到这些因素，因而出现了频敏变阻器启动，如图 5-14（b）所示。

2. 控制电路

（1）按钮操作控制线路。图 5-15 所示是按钮操作的线路控制，合上电源开关 QS，按下 SB1，KM 得电吸合并自锁，电动机串入全部电阻启动。经过一定时间后，按下 SB2，KM1 得电吸合并自锁，KM1 主触点闭合切除第一级电阻 R1，电动机转速继续升高。再经过一定时间后，按下 SB3，KM2 得电吸合并自锁，KM2 主触点闭合切除第二级电阻 R2，电动机转速继续升高。当电动机转速接近额定转速时，按下 SB4，KM3 得电吸合并自锁，KM3 主触点闭合切除全部电阻，启动结束，电动机在额定转速下正常运行。

（2）时间原则控制绕线式电动机串电阻启动控制线路。图 5-16 所示为时间继电器控制绕线式电动机串电阻启动控制线路，又称为时间原则控制。图中，3 个时间继电器 KT1、KT2、KT3 分别控制 3 个接触器 KM1、KM2、KM3 按顺序依次吸合，自动切除转子绕组中的三级电阻，与启动按钮 SB1 串接的 KM1、KM2、KM3 这 3 个常闭触点的作用是保证电动机在转子绕组中接入全部启动电阻的条件下才能启动。若其中任何一个接触器的主触点因熔焊或机械故障而没有释放，电动机就不能启动。

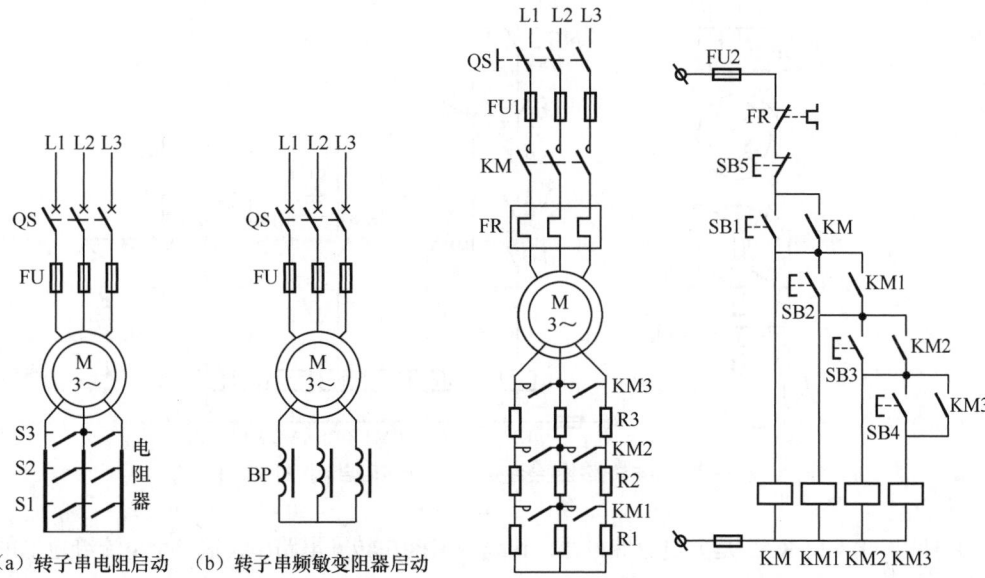

(a) 转子串电阻启动　(b) 转子串频敏变阻器启动

图5-14　绕线式异步电动机启动控制主电路图　　图5-15　按钮操作绕线式电动机串电阻启动控制线路

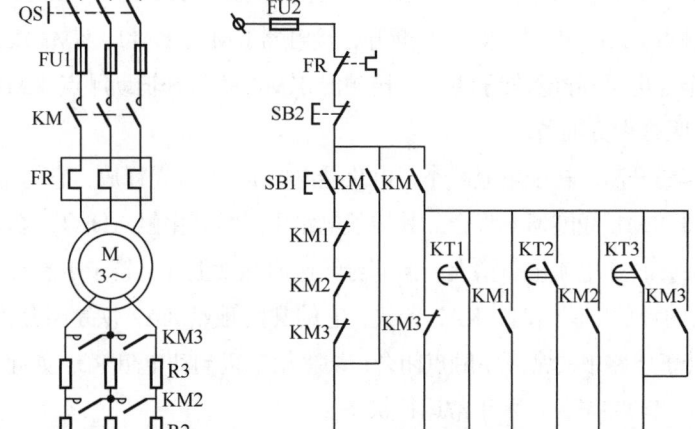

图5-16　时间原则控制绕线式电动机串电阻启动控制线路

（3）电流原则控制绕线式电动机串电阻启动控制线路。图 5-17 所示为用电流器控制绕线转子异步电动机的电气原理图。它是根据电动机启动时转子电流的变化，利用电流继电器来控制转子回路串联电阻的切除。

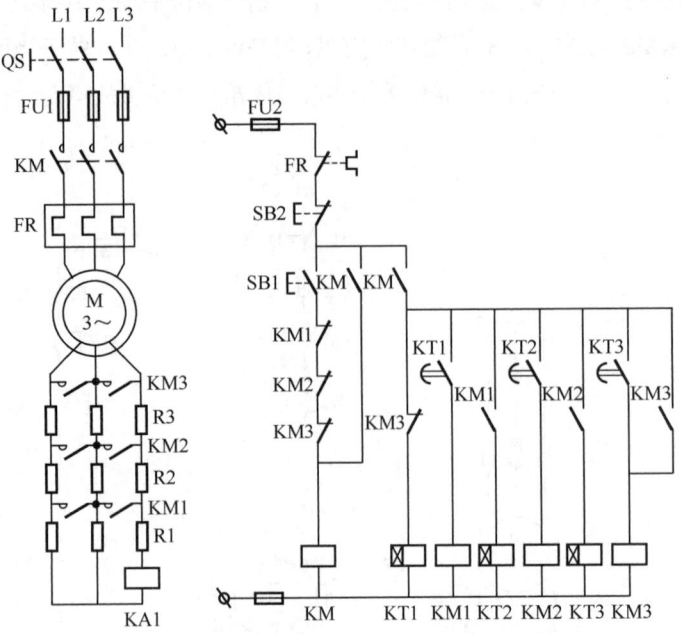

图5-17　用电流器控制绕线式电动机串电阻启动控制线路

　　图中 KA1、KA2、KA3 是欠电流继电器，其线圈串接在转子电路中，这 3 个电流继电器的吸合电流都一样，但释放电流值不一样，KA1 的释放电流最大，KA2 较小，KA3 最小。该控制电路的动作原理是：合上断路器 QS，按下启动按钮 SB2，接触器 KM4 线圈通电吸合并自锁，主触点闭合，电动机 M 开始启动。刚启动时，转子电流很大，电流继电器 KA1、KA2、KA3 都吸合，它们接在控制电路中的常闭触点 KA1、KA2、KA3 都断开，接触器 KM1、KM2、KM3 线圈均不通电，常开主触点都断开，使全部电阻都接入转子电路。接触器 KM4 的常开辅助触点 KM4 闭合，为接触器 KM1、KM2、KM3 吸合做好准备。

　　随着电动机转速的升高，转子电流减小，电流继电器 KA1 首先释放，它的常闭触点 KA1 恢复闭合状态，使接触器 KM1 线圈通电吸合，其转子电路中的常开主触点闭合，切除第一级启动电阻 R1。当 R1 被切除后，转子电流重新增大，但随着转速的继续上升，转子电流又逐渐减小，当减小到电流继电器 KA2 的释放电流值时，KA2 释放，它的常闭触点 KA2 恢复闭合状态，接触器 KM2 线圈通电吸合，其转子电路中的常开主触点闭合，切除第二级启动电阻 R2。如此下去，直到把全部电阻都切除，电动机启动完毕，进入正常运行状态。

　　中间继电器 KA4 的作用是保证开始启动时全部电阻接入转子电路。在接触器 KM4 线圈通电后，电动机开始启动时，利用 KM4 接通中间继电器 KA4 线圈的动作时间，使电流继电器 KA1 的常闭触点先断开，KA4 常开触点闭合，以保证电动机转子回路在串入全部电阻的情况下启动。

（二）绕线转子异步电动机转子串频敏变阻器启动控制线路

　　频敏变阻器是由 3 个铁心柱和 3 个绕组组成的，3 个绕组接成星形，通过滑环和电刷与转子绕组连接, 铁心用 6～12 mm 钢板制成, 并有一定的空气隙, 当频敏变阻器的绕组中通入交流电后, 在铁心中产生的涡流损耗很大。

当电动机刚开始启动时, 电动机的 $S \approx 1$, 转子的频率=f1, 铁心中的损耗很大, 即 R2 很大, 因此限制了启动电流, 增大了启动转矩。随着电动机转速的增加, 转子电流的频率下降, 于是 R2 也减小, 使启动电流及转矩保持一定数值。

由于频敏变阻器的等效电阻和等效电抗都随转子电流频率而变, 反应灵敏, 所以称为频敏变阻器。这种启动方法结构简单、成本较低、使用寿命长、维护方便, 能使电动机平滑启动 (无级启动), 基本上可获得恒转矩的启动特性。缺点是有电感的存在, 功率因数较低, 启动转矩不大, 因此在轻载启动时采用串频敏变阻器启动, 在重载启动时采用串电阻启动。

图 5-18 是频敏变阻控制绕线式电动机串电阻启动控制线路, KT 为时间继电器, KA 为中间继电器。当按下启动按钮 SB2 后, 接触器 KM1 接通, 并接通时间继电器 KT, 它的常开触点 KT (3—11) 经延时闭合, 接通中间继电器 KA, KA 的常开触点 KA (3—13) 再接通接触器 KM, 切除频敏变阻器, 启动过程完毕。因为时间继电器 KT 的线圈回路中串有接触器 KM2 的常闭辅助触点 KM2 (3—7), 所以当 KM1 通电后, 时间继电器 KT 断电。

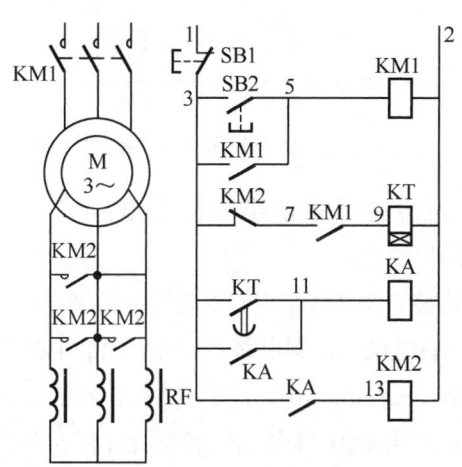

图5-18　频敏变阻控制绕线式电动机串电阻启动控制线路

应用举例

一、电动机正反转转子串频敏变阻器启动线路

图 5-19 是绕线式异步电动机正反转转子串频敏变阻器启动线路原理图。

电路的设计思路: 主电路在单向运行的基础上加一个反向接触器 KM2, 在设计控制线路时, 要考虑在启动时, 一定要串入频敏变阻器才能启动, 但也不能长期串入频敏变阻器运行。

线路的工作原理: 合上 QF, 按下启动按钮 SB2, 正转接触器 KM1 得电, 主触点闭合, 电动机转子串入频敏变阻器开始启动; KM1 辅助常开触点闭合, 时间继电器 KT 得电, 经过一定时间, 时间继电器延时常触点 KT 闭合, 接触器 KM3、中间继电器 KA、KM3 得电, KM3 主触点将频敏变阻器切除，电动机正常运行。

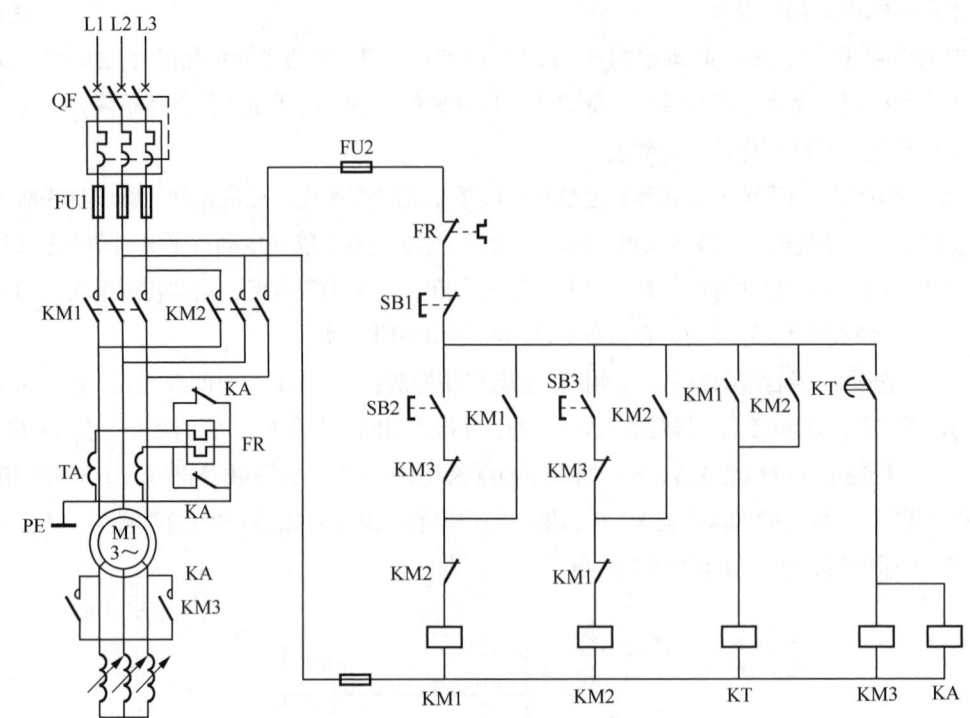

图5-19　转子串频敏变阻器正反转控制线路

二、凸轮控制器控制的桥式起重机小车控制电路

1. 桥式起重机凸轮控制器控制线路

图 5-20 所示为凸轮控制器控制绕线异步电动机运行的控制电路，这种电路用作桥式起重机的小车前后、钩子升降、大车左右电机的控制电路，只是不同的电路稍稍有所区别。凸轮控制器控制电路的特点是原理图用展开图来表示。由图中可见，凸轮控制器有编号为 1～12 的 12 对触点，以竖画的细实线表示；凸轮控制器的操作手轮右旋和左旋各有 5 个挡位，分别控制电动机制正反转与调速，加上一个中间位置（称为"零位"）共有 11 个挡位，在各个挡位中的每对触点是否接通，是以在横竖线交点处的黑圆点·表示，有黑点的表示该对触点在该位置是接通的，无黑点的则表示断开。

图中 M2 为起重机的驱动电动机，采用绕线转子三相异步电动机，在转子电路中串入三相不对称电阻 R2，用于启动与调速控制。YB2 为制动电磁铁，三相电磁线圈与 M2 的定子绕组并联。QS 为电源引入开关，KM 为控制电路电源的接触器。KA0 和 KA2 为过流继电器，KA0 的线圈为单线圈，KA2 的线圈为双线圈，都串联在 M2 的三相定子电路中，而其动断触点则串联在 KM 的线圈支路中。

2. 电动机定子电路

在每次操作之前，应先将凸轮控制器 QM2 置于零位，由图 5-20 所示可知，QM2 的触点 10、

11、12 在零位上接通；然后合上电源开关 QS，按下启动按钮 SB，接触器 KM 线圈通过 QM2 的触点 12 得电，KM 的 3 对主触点闭合，接通电动机 M2 的电源，然后可以用 QM2 操纵 M2 的运行。QM2 的触点 10、11 与 KM 的动合触点一起构成正转和反转时的自锁电路。

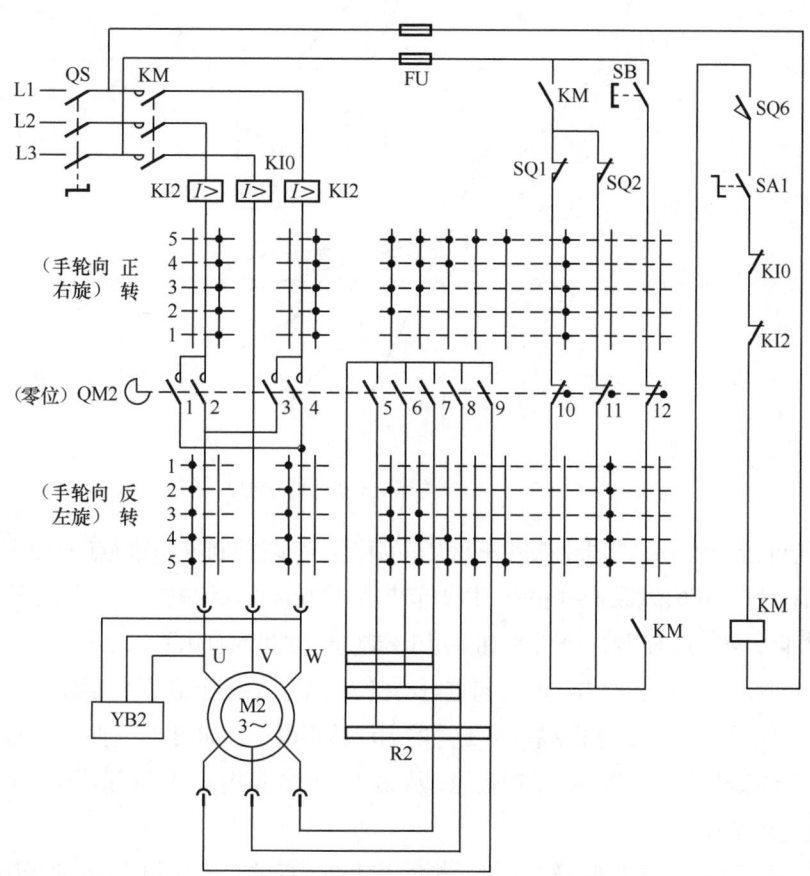

图5-20　凸轮控制器控制线路

凸轮控制器 QM2 的触点 1～4 控制 M2 的正反转，由图可见触点 2、4 在 QM2 右旋的五挡均接通，M2 正转；而左旋五挡则是触点 1、3 接通，按电源的相序 M2 为反转；在零位时 4 对触点均断开。

3. 电动机转子电路

凸轮控制器 QM2 的触点 5～9 用以控制 M2 转子外接电阻 R2，以实现对 M2 启动和转速的调节。由图可见这 5 对触点在中间零位均断开，而在左、右旋各 5 挡的通断情况是完全对称的：操作手柄在左、右两边的第一挡触点 5～9 均断开，三相不对称电阻 R2 全部串入 M2 的转子电路，此时 M2 的机械特性最软（图 5-21 中的曲线 1）；操作手柄置于第 2、3、4 挡时，触点 5、6、7 依次接通，将 R2 逐级不对称地切除，对应的机械特性曲线分别为图 5-21 中的曲线 2、3、4，可见电动机的转速逐渐升高；当置于第 5 挡时，触点 5～9 全部接通，R2 全部被切除，M2 运行在自然特性曲线 5 上。

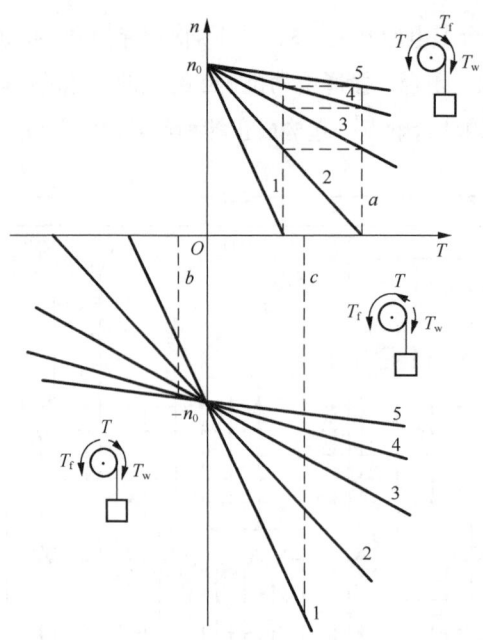

图5-21　转子串电阻电动机的机械特性

由以上分析可见，用凸轮控制器控制小车及大车的移行，凸轮控制器是用触点 1～9 控制电动机的正反转启动，在启动过程中逐段切断转子电阻，以调节电动机的启动转矩和转速。从第 1 挡到第 5 挡电阻逐渐减小至全部切除，转速逐渐升高。该电路如果用于控制起重机吊钩的升降，则升、降的控制操作不同。

（1）提升重物。凸轮控制器右旋时，起重电动机为正转，凸轮控制器控制提升电动机机械特性对应为图 5-21 中第 I 象限的 5 条曲线。第 1 挡的启动转矩很小，如图 5-21 曲线 1 所示，是作为预备级，用于消除传动齿轮的间隙并张紧钢丝绳；从第 2 至第 5 挡提升速度逐渐提高如图 5-21 中第 I 象限中的垂直虚线 a 所示。

（2）轻载下放重物。凸轮控制器左旋时，起重电动机为反转，对应为图中第 III 象限的 5 条曲线。因为下放的重物较轻，其重力矩 T_w 不足以克服摩擦转矩 T_f，则电动机工作在反转电动机状态，电动机的电磁转矩与 T_w 方向一致，迫使重物下降（$T_w+T > T_f$）。在不同的挡位可获得不同的下降速度（如图 5-21 中第 III 象限中的垂直虚线 b 所示）。

（3）重载下放重物。此时起重电动机仍然反转，但由于负载较重，其重力矩 T_w 与电动机电磁转矩方向一致而使电动机加速，当电动机的转速大于同步转速 n_0 时，电动机进入再生发电制动工作状态，其机械特性曲线为图 5-21 中第 III 象限第 5 条曲线在第 IV 象限的延伸，T 与 T_w 方向相反而成为制动转矩。由图可见，在第 IV 象限的曲线 1、2、3 比较陡直，因此在操作时应将凸轮控制器的手轮从零位迅速扳至第 5 挡，中间不允许停留，在往回操作时也一样，应从第 5 挡快速扳回零位，以免引起重物高速下降而造成事故（如图 5-21 中第 IV 象限中的垂直虚线 c 所示）。

由此可见，在下放重物时，不论是重载还是轻载，该电路都难以控制低速下降，因此在下降操作中如需要较准确地定位时，可采用点动操作的方式，即将控制器的手轮在下降（反转）第 1 挡与零位之间来回扳动以点动起重电动机，再配合制动器便能实现较准确的定位。

三、桥式起重机保护电路

图 5-22 所示电路有欠压、零压、零位、过流、行程终端限位保护和安全保护共 6 种保护功能。

1. 欠压保护

接触器 KM 本身具有欠电压保护的功能，当电源电压低于额定电压的 85%时，KM 因电磁吸力不足而复位，其动合主触点和自锁触点都断开，从而切断电源。

2. 零压保护与零位保护

采用按钮 SB 启动，SB 动合触点与 KM 的自锁动合触点相并联的电路，都具有零压（失压）保护功能，在操作中一旦断电，必须再次按下 SB 才能重新接通电源。在此基础上，如图 5-20 所示，采用凸轮控制器控制的电路在每次重新启动时，还必须将凸轮控制器旋回中间的零位，使触点 12 接通，按下 SB 才能接通电源。这样就防止在控制器不在第 1 挡时，电动机转子电路串入的电阻较小的情况下启动电动机，造成较大的启动转矩和电流冲击，甚至造成事故，这一保护作用称为"零位保护"。触点 12 只有在零位才接通，而其他 10 个挡位均断开，因此称为零位保护触点。

3. 过流保护

起重机的控制电路往往采用过流继电器作为电动机的过载保护与线路的短路保护，过流继电器 KI0、KI2 的动断触点串联在 KM 线圈支路中，一旦电动机过电流便切断 KM，从而切断电源。此外，KM 的线圈支路采用熔断器 FU 作短路保护。

4. 行程终端限位保护

行程开关 SQ1、SQ2 分别为小车的右行和左行的行程终端限位保护，其动断触点分别串联在 KM 的自锁支路中。以小车右行为例分析保护过程：将 QM2 右旋→M2 正转→小车右行→若行至行程终端还不停下→碰 SQ1→SQ1 动断触点断开→KM 线圈支路断电→切断电源，此时只能将 QM2 旋回零位→重新按下 SB→KM 线圈支路通电（并通过 QM2 的触点 11 及 SQ2 的动断触点自锁）→重新接通电源→将 QM2 左旋→M2 反转→小车左行，退出右行的行程终端位置。

5. 安全保护

在 KM 的线圈支路中，还串入了舱口安全开关 SQ6 和事故紧急开关 SA1。在平时，应关好驾驶舱门，保证桥架上无人，则 SQ6 被压，才能操纵起重机运行；一旦发生事故或出现紧急情况，可断开 SA1 紧急停车。

四、10t 交流桥式起重机控制线路分析

1. 起重机的供电特点

交流起重机电源由公共的交流电网供电，由于起重机工作时是经常移动的，因此其与电源之间不能采用固定连接方式。对于小型起重机来说，供电方式采用软电缆供电，随着大车或小车的移动，供电电缆随之伸展和叠卷。对于一般桥式起重机来说，常用滑线和电刷供电。三相交流电源接到沿车间长度方向架设的 3 根主滑线上，再通过电刷引到起重机的电气设备上，首先进入驾驶室中的保护盘上的总电源开关，然后再向起重机各电气设备供电。对于小车及其上的提升机构等电气设备，

则经位于桥架另一侧的辅助滑线来供电。

滑线通常用角钢、圆钢、V 形钢轨来制成。当电流值很大或滑线太长时，为减少滑线电压降，常将角钢与铝排逐段并联，以减少电阻值。在交流系统中，圆钢滑线因趋肤效应的影响，只适用于短线路或小电流的供电线路。

2. 电路构成

10t 交流桥式起重机电气控制的全电路如图 5-22 所示。10t 桥式起重机只有一个吊钩，但大车采用分别驱动，所以共用了 4 台绕线转子异步电动机拖动，这 4 台电动机是起重电动机 M1、小车驱动电动机 M2、大车驱动电动机 M3 和 M4；4 台电动机分别由 3 只凸轮控制器控制：QM1 控制 M1、QM2 控制 M2、QM3 同步控制 M3 与 M4；R1～R4 分别为 4 台电动机转子电路串入的调速电阻器；YB1～YB4 则分别为 4 台电动机的制动电磁铁。三相电源由 QS1 引入，并由接触器 KM 控制。过流继电器 KI0～KI4 提供过电流保护，其中 KI1～KI4 为双线圈式，分别保护 M1、M2、M3 与 M4；KI0 为单线圈式，单独串联在主电路的一相电源线中，作总电路的过电流保护。

该电路的控制原理与图 5-20 的分析类似，不同的是凸轮控制器 QM3 共有 17 对触点，比 QM1、QM2 多了 5 对触点。这 5 对触点用于控制另一台电动机的转子电路，因此可以同步控制两台绕线转子异步电动机。下面主要介绍该电路的保护电路部分。

3. 保护电路

保护电路主要是 KM 的线圈支路，位于图 5-22 中 7～10 区。与图 5-20 电路一样，该电路具有欠压、零压、零位、过流、行程终端限位保护和安全保护共 6 种保护功能。所不同的是，图 5-22 电路需保护 4 台电动机，因此在 KM 的线圈支路中串联的触点较多一些。KI0～KI4 为 5 只过流继电器的动断触点；SA1 仍是事故紧急开关；SQ6 是舱口安全开关，SQ7 和 SQ8 是横梁栏杆门的安全开关。平时无人时，驾驶舱门和横梁栏杆门都应关好，将 SQ6、SQ7、SQ8 都压合；若有人进入桥架进行检修时，这些门开关就被打开，即使按下 SB 也不能使 KM 线圈支路通电；与启动按钮 SB 相串联的是 3 只凸轮控制器的零位保护触点：QM1、QM2 的触点 12 和 QM3 触点 17。与图 5-20 的电路有较大区别的是限位保护电路（位于图 5-22 中 7 区）。因为 3 只凸轮控制器分别控制吊钩、小车和大车做垂直、横向和纵向共 6 个方向的运动，除吊钩下降不需要提供限位保护之外，其余 5 个方向都需要提供行程终端限位保护，相应的行程开关和凸轮控制器的动断触点均串入 KM 的自锁触点支路之中，各元件（触点）的保护作用见表 5-2。

表 5-2　　　　　　　　　　行程终端限位保护元件及触点一览表

运行方向		驱动电动机	凸轮控制器及保护触点		限位保护行程开关
吊钩	向上	M1	QM1	11	SQ5
小车	右行	M2	QM2	10	SQ1
	左行			11	SQ2
大车	前行	M3、M4	QM3	15	SQ3
	后行			16	SQ4

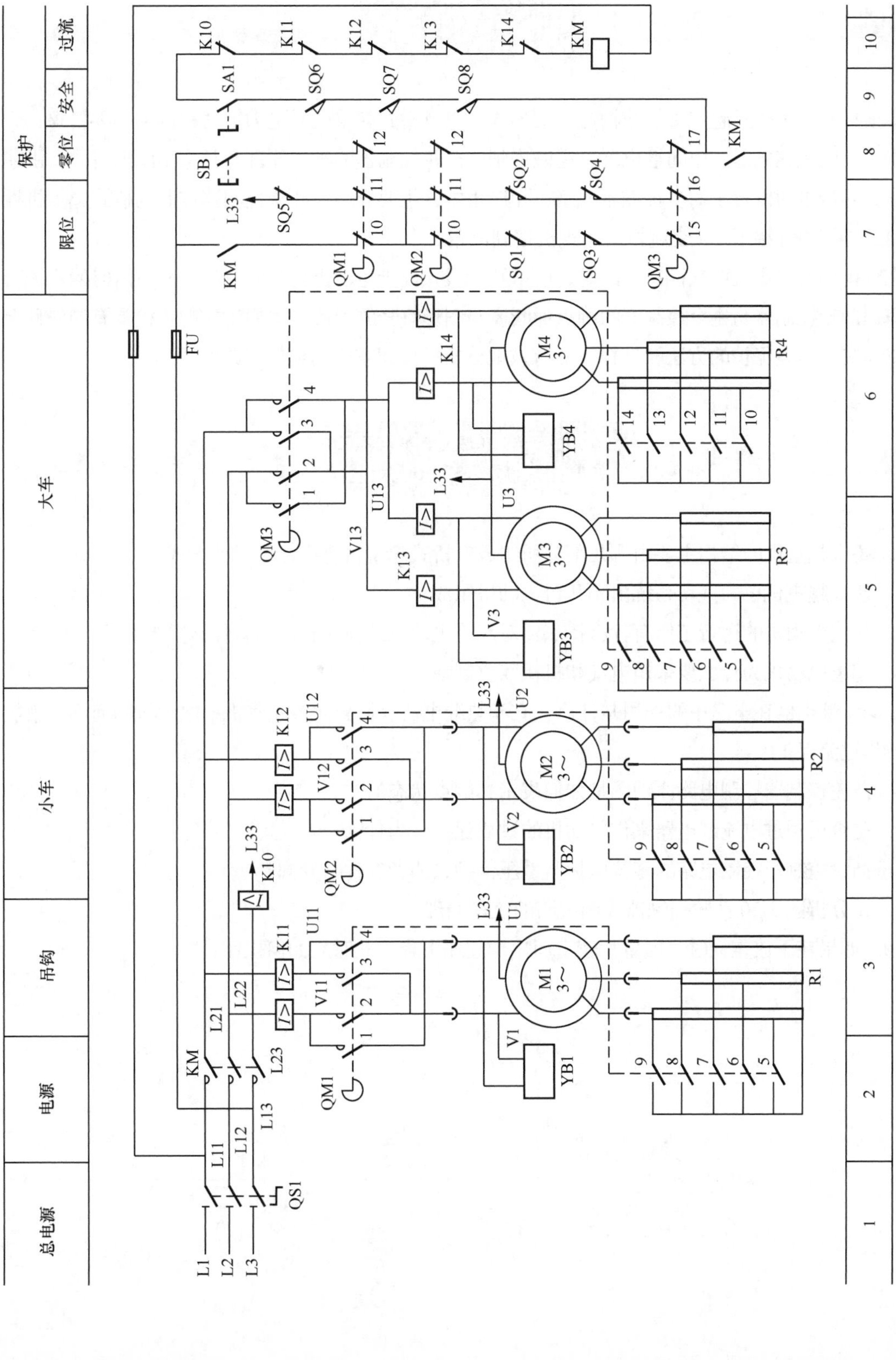

图5-22　10t交流桥式起重机控制电路原理图

　　本项目介绍了桥式起重机的结构与运动形式，以及桥式起重机对电力拖动控制的主要要求；介绍了电压、电流继电器、中间继电器、电磁抱闸、凸轮控制器的结构原理与其文字图形符号；讲述了绕线式异步电动机转子的多种控制线路；在应用中，主要介绍了凸轮控制器控制的桥式起重机控制线路，并简单介绍了 10t 交流桥式起重机控制电路。

　　在分析桥式起重机电气控制线路时，应了解绕线式异步电动机转子回路串不同电阻时的机械特性，掌握凸轮控制器与主令控制器的触点通断表与图形符号的识读，掌握桥式起重机具有的各种保护，以及实现这些保护的方法，这样才能有效地分析桥式起重机的电气线路的原理。

1. 桥式起重机的结构主要由哪几部分所组成？桥式起重机有哪几种运动方式？

2. 桥式起重机电力拖动系统由哪几台电动机组成？

3. 起重电动机的运行工作有什么特点？对起重电动机的拖动和控制有什么要求？

4. 起重电动机为什么要采用电气和机械双重制动？

5. 电流继电器在电路中的作用是什么？它和热继电器有何异同？起重机上电动机为何不采用热继电器作过流保护？

6. 凸轮控制器控制电路原理图是如何表示其触点状态的？

7. 是否可用过电流继电器来作电动机的过载保护？为什么？

8. 凸轮控制器控制电路的零位保护与零压保护，两者有什么异同？

9. 试分析图 5-20 凸轮控制器控制线路的工作原理。

10. 如果在下放重物时，因重物较重而出现超速下降，此时应如何操作？

Chapter

6

项目六

| 电气综合控制系统 |

【学习目标】

1. 了解电气控制系统日常维护及排除故障的方法。
2. 会运用电压测量法、电阻测量法、短接法等方法进行电气线路故障的检查。
3. 掌握电镀生产线的电气控制要求,能够分析相关控制线路的电气原理。
4. 了解相应的液压知识,了解 YT4543 型液压滑合的液压系统原理及工作特点。
5. 掌握 C5112B 立式车床的组成与运动规律及电气控制要求。
6. 能够识读及分析 C5112B 立式车床的电气原理图、安装图。
7. 会处理 C5112B 立式车床的常见电气故障。

一、机床电气设备日常维护及排除故障的方法

机床电气设备在运行中常常会发生各种故障,轻者使机床停止工作,重者还会造成事故。产生故障的原因是多方面的,有的是由于电气设备的自然寿命引起的,但有相当部分的故障是由于忽视了对电气设备的日常维护和保养,致使小问题发展成大问题而造成的;还有的则是由于操作人员操作不当,或是维修人员维修时判断失误,修理方法不当而加重了故障、扩大了事故范围而引起的。所以,为保证机床的正常运行、减少因电气设备故障进行检修的停机时间,必须重视机床电气设备的日常维护和保养工作。在此简单介绍一些这方面的知识。

机床电气设备主要包括电动机、电器和电路,其维护保养的主要内容和要求如下。

(一)电动机部分

电动机是机床设备的动力源,一旦发生故障将使机床停止工作。而且电动机的修理往往既费事又费时,因此必须注意做好电动机的日常维护保养工作。

(1)电动机应经常保持清洁,进、出风口必须保持畅通,不允许有任何异物或水滴等进入电动机内部。

(2)在正常运行时,电动机的负载电流不能超过其额定值。同时,还应检查三相电流是否平衡,

三相电流的任何一相与其三相的平均值相差不能超过 10%。

（3）应经常检查电源电压是否与铭牌值相符，并检查电源三相电压是否对称。

（4）经常检查电动机的温升是否超过规定值。

（5）经常检查电动机运行时是否有不正常的振动、噪声、气味，有无冒烟，以及电动机的启动是否正常，若有不正常的现象，应立即停车检查。

（6）经常检查电动机轴承部位的工作情况，是否有过热、漏油现象；轴承的振动和轴向移动应不超过规定值。

（7）经常检查电动机的绝缘电阻，特别是对工作环境条件较差（如工作在潮湿、灰尘大或有腐蚀性气体的环境）的电动机，更应加强检查。一般，三相 380V 的电动机及各种低压电动机的绝缘电阻应≥0.5MΩ，高压电动机的定子绝缘电阻应≥1MΩ/kV，转子绝缘电阻应≥0.5MΩ。如果发现电动机的绝缘电阻低于规定标准，应采用烘干、浸漆等方法处理后，再测量其绝缘电阻，达到要求后才能使用。

（8）检查电动机的引出线是否绝缘良好、连接可靠。检查电动机的接地装置是否可靠和完整。

（9）对绕线转子异步电动机，应注意检查其电刷与集电环之间的接触压力、磨损情况及有无产生不正常的火花。

（10）对直流电动机，则应特别注意其换向器装置的工作情况，检查换向器表面是否光滑圆整，有无机械损伤或火花灼伤。

（二）机床电器外露部件

（1）检查电气柜、壁龛的门、盖、锁及门框周边的耐油密封垫是否保持良好，所有门、盖均应能严密关闭，不能有水、油污和灰尘、金属屑等入内。

（2）检查各部件之间的连接电缆及保护导线的软管，注意是否被冷却液、油污等腐蚀。

（3）机床的运行部件（如铣床的升降台）连接电缆的保护软管在使用一段时间后容易在其接头处产生脱落或散头的现象，使其中的电线裸露。在检查时应注意，若发现上述现象应及时修复，防止电线损坏造成短路事故。

（4）应经常擦拭电气控制箱、操纵台的外表，保持其清洁。特别是操纵台上一些主令电器的按钮和操纵手柄，如果经常有油污等进入，容易造成元件损坏运行失灵，因此应注意保持清洁，并告诉机床操作人员在操作时予以注意。

（三）安装在电气柜、壁龛内的电器元件

为了安全和不影响机床的正常工作，不可能经常开门进行检查，但可以通过倾听电器动作时的声音来判定工作是否正常，如发现有可疑的、不正常的声音，应立即停机检查。对这些电器元件，更主要的是要做好定期的维护保养工作。维护保养的周期可根据机床电气设备的结构、使用情况及条件等来确定，一般可配合机床的一、二级保养同时进行。电气设备的维护保养工作内容有以下几点。

（1）配合机床的一级保养进行电气设备的维护保养工作。金属切削机床的一级保养一般 2～3

个月进行一次，可对机床电气柜内的电器元件进行以下的保养工作。

① 清扫电气柜内的灰尘和异物，注意有无损坏或即将损坏的电器元件。

② 整理内部接线，使之整齐美观。特别是经过应急修理后来不及整理的，应尽量恢复成原来的整齐状态。

③ 检查所有的电器元件的固定螺钉，旋紧螺旋式熔断器。

④ 拧紧接线板和电器元件上的压线螺钉，保证所有接线头接触可靠。

⑤ 通电试车，检查电器元件的动作顺序是否正确、可靠。

（2）配合机床二级保养进行电气设备的维护保养工作。金属切削机床的二级保养一般在一年左右进行一次，可对机床电气柜内的电器元件进行以下的保养工作。

① 前述在机床一级保养时进行的各项保养工作，在二级保养时仍需进行。

② 着重检查运行频繁且电流较大的接触器、继电器的触点。许多电器的触点采用银或银合金制成，这类触点即使表面被烧毛或凹凸不平，都不会影响触点的接触良好，因此不需要进行修整；但如果是铜质触点则应用油光锉修平。另外，如果触点已严重磨损，则应更换新的触点。

③ 对于检查发现动作时有明显噪声的接触器、继电器，如不能修复则应更换。

④ 校验热继电器的整定值是否适当。

⑤ 校验时间继电器的延时时间是否适当。

⑥ 检查各种开关动作是否正常，检查各类信号指示装置和照明装置是否完好。

（四）注意事项

（1）对机床电气控制电路的各种保护环节（如过载、短路、过流保护等），在维护时不要随意改变其电器（如热继电器、低压断路器）的整定值和更换熔体。若要进行调整或更换，应按要求选配。

（2）要加强在高温、霉雨、严寒季节对电气设备的维护保养。

（3）在进行维护保养时，要注意安全，电气设备的接地或接零必须可靠。

二、机床电气线路故障的检查方法

机床电气控制系统发生故障时，先要对故障现象进行调查，了解故障前后的异常现象。如电动机、变压器线圈是否发热、冒烟，有关电器元件的连线是否松动脱落，熔断器的熔体是否熔断等，从而找出简单故障的部位及元件。对较为复杂的故障，也可确定故障的大致范围。常用的故障检查方法有电压法、电阻法与短接法。下面以一段有代表性的控制电路为例，说明这几种方法的具体应用。

（一）电压测量法

图 6-1 所示为测量示意图。接通电源，按下启动按钮 SB2，正常时，KM1 吸合并自锁，将万用表拨到交流 500V 挡，对电路进行测量。这时电路中（1—2）、（2—3）、（3—4）、（4—5）各段电压均应为 0，（5—6）两点电压应为 380V。

1. 触点故障

按下按钮 SB2，若 KM1 不吸合，可用万用表测量（1—6）之间的电压，若测得电压为 380V，说明电源电压正常，熔断器是好的。可接着测量（1—5）之间电压，如（1—2）之间电压为 380V，则说明热继电器 FR 保护触点已动作或接触不良，应查找 FR 所保护的电动机是否过载或 FR 整定电流是否调得太小，触点本身是否接触不好或连线松脱；如（4—5）之间电压为 380V，则说明 KM2 触点或连接导线有故障，依此类推。

2. 线圈故障

若（1—5）之间电压都为 0，（5—6）之间的电压为 380V，而 KM1 不吸合，则故障是 KM1 线圈或连接导线断开。

除了分段测量法，还有分阶测量法和对地测量法。分阶测量法一般是将电压表的一根表笔固定在线路的一端（如图 6-1 的 6 点），另一根表笔由下而上依次接到 5、4、3、2、1 各点。正常时，电表读数为电源电压；若无读数，则将表笔逐级上移，当移至某点读数正常，说明该点以前触点或接线完好，故障一般是此点后第一个触点（即刚跨过的触点）或连线断路。因为这种测量方法像上台阶一样，故称为分阶测量法。对地测量法适用于机床电气控制线路接 220V 电压且零线直接接于机床床身的电路检修，根据电路中各点对地电压来判断确定故障点。

（二）电阻测量法

电阻测量法分为分段测量法和分阶测量法，图 6-2 所示为分段电阻测量示意图。

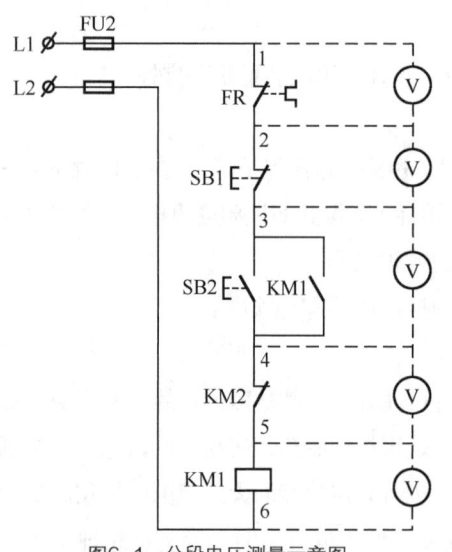

图6-1　分段电压测量示意图

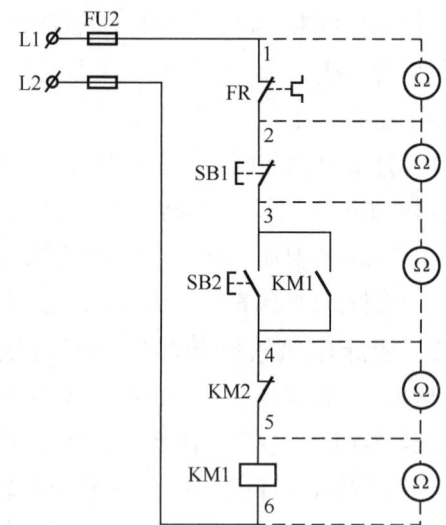

图6-2　分段电阻测量示意图

检查时，先断开电源，把万用表拨到电阻挡，然后逐段测量相邻两标号点（1—2）、（2—3）、（3—4）、（4—5）之间的电阻，若测得某两点间电阻很大，说明该触点接触不良或导线断路。若测得（5—6）间电阻很大（无穷大），则线圈断线或接线脱落；若电阻接近零，则线圈可能短路。必须注意，用电阻测量法检查故障时一定要断开电路电源，否则会烧坏万用表；另外，所测电路如果并联了其他电路，所测电阻值就不准确，会产生误导，因此，测量时必须将被测电路与其他电路断开；最后一点要注意的是要选择好万用表的量程，如测量触点电阻时，量程不要放得太高，否则，可能掩盖触点

接触不良的故障。

（三）短接法

机床电气设备的故障多为断路故障，如导线断路、虚连、虚焊、触点接触不良，熔断器熔断等。对这类故障，用短接法查找往往比用电压法和电阻法更为快捷。检查时，只需用一根绝缘良好的导线，将所怀疑的断路部位短接，当短接到某处的电路接通，说明故障就在该处。

1. 局部短接法

局部短接法的示意图如图 6-3 所示。

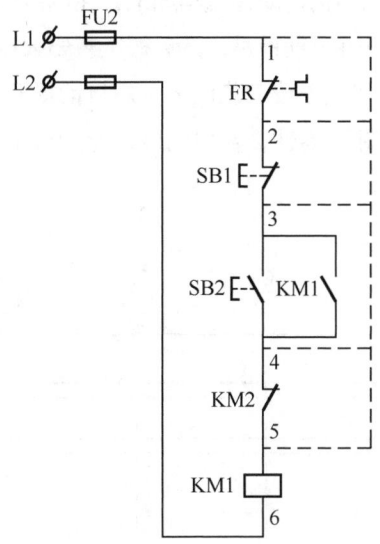

图6-3 局部短接示意图

按下启动按钮 SB2 时，若 KM1 不吸合，说明电路中存在故障，可运用局部短接法进行检查。检查前，先用万用表测量（1—6）两点间电压，若电压不正常，就不能用短接法检查。在电压正常的情况下，按下启动按钮 SB2 不放，用一根绝缘良好的导线，分别短接标号相邻的两点，如（1—2）、（2—3）、（3—4）、（4—5）。当短接到某两点时，KM1 吸合，说明这两点间有断路故障。

2. 长短接法

长短接法是用导线一次短接两个或多个触点查找故障的方法。

相对局部短接法，长短接法有两个重要作用和优点。一是在两个以上触点同时接触不良时，局部短接法很容易出现判断错误，而长短接法可避免误判。以图 6-3 为例，先用长短接法将（1—5）短接，如果 KM1 吸合，说明（1—5）这段电路有断路故障，然后再用局部短接法或电压法、电阻法逐段检查，找出故障点；还可使用长短接法，把故障压缩到一个较小的范围，如先短接（1—3）两点，若 KM1 不吸合，再短接（3—5）两点，KM1 能吸合，则说明故障在（3—5）点之间的电路中，再用局部短接法即可确定故障点。

必须注意，短接法是带电操作，因此必须要注意安全。检查时应注意以下几点：一是短接前要看清电路，防止因为错接而烧坏电器设备；二是短接法只适用于检查连接导线及触点类的断路故障，对线圈、绕组、电阻等断路故障，不能采用此法；三是对机床的某些重要部位，最好不要使用短接法，以免考虑不周，造成事故。

三、电镀生产线的电气控制

1. 控制要求

某厂电镀车间为提高效率、促进生产自动化和减轻劳动强度，提出制造一台专用半自动起吊设备。设备采用远距离控制，起吊质量在 500kg 以下，起吊物品是待进行电镀及表面处理的各种产品零件。根据工艺要求，专用行车的结构与动作流程如下：在电镀生产线的一侧，工人将零件装入吊篮，并发出信号，专用行车便提升并自动前进，然后按工艺要求在需要停留的槽位停止，并自动下降，停留一定时间（各槽停留时间预先按工艺调定）后自动提升，如此完成电镀工艺的每一道工序，直至生产线的末端，由人工卸下零件，发出信号，专业行车便自动返回原位。电镀工艺流程图如图 6-4 所示。

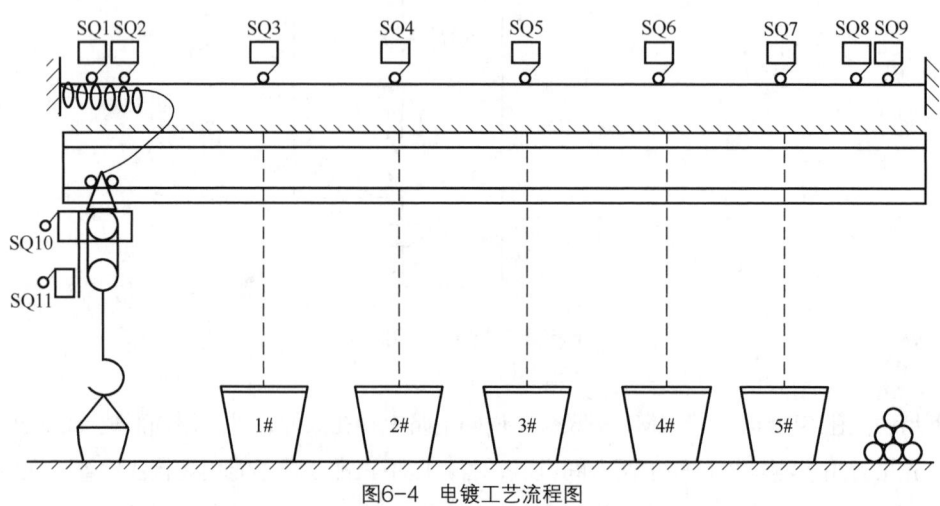

图6-4　电镀工艺流程图

对于不同零件，其镀层要求和工艺过程是不同的。为了节省场地，适应批量生产需要，提高设备利用率和发挥最大经济效率，该设备还要求电气控制系统能针对不同工艺流程（例如镀锌、镀铬、镀镍等）有程序预选和修改能力。设备机械结构与普通小型行车结构类似，跨度较小，但要求准确停位，以便吊篮能准确进入电镀槽内。工作时，除具有自动控制的大车移动（前后）与吊物上下运动外，还有调整吊篮位置的小车运动（左右）。生产线上镀槽的数量，由用户综合各种电镀工艺的需要提出要求，电镀种类越多，则槽数也越多。为简化设计过程，定为 5 个电镀槽，停留时间由用户根据工艺要求进行整定。具体要求有以下几点。

（1）专用行车沿轨道平移及吊篮升降分别驱动，采用两台三相异步电动机，型号、规格相同，均为 JO2-12-4 型 0.8kW，1.99A，1414r/min，380V，采用机械减速。

（2）控制装置具有程序预选功能（按电镀工艺确定需要停留工位）。一旦程序选定，除上下装卸零件，整个电镀工艺应能自动进行，各槽可选择停留。

（3）前后运动和升降运动要求准确停位。升降电动机升降时采用能耗制动及电磁抱闸以保安全。前后、升降运动之间有联锁作用。

（4）采用远离控制，直流电源采用单相桥式整流电路。

（5）应有极限保护和其他必要的保护措施。

（6）控制电路电压为 380V。

2. 主电路设计

根据系统要求设计的主电路如图 6-5、图 6-6 所示。

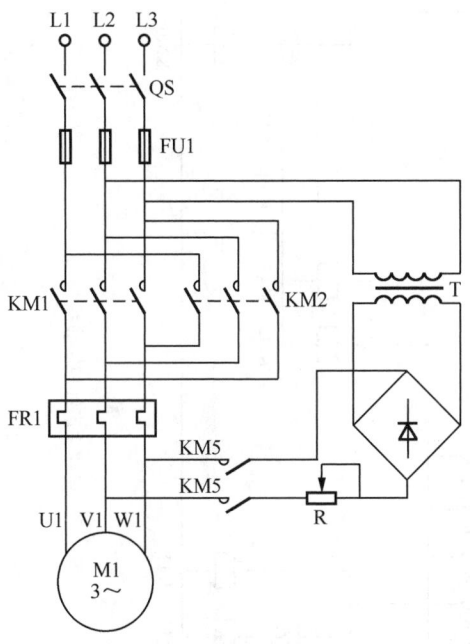

图6-5　大车前后运动的主电路

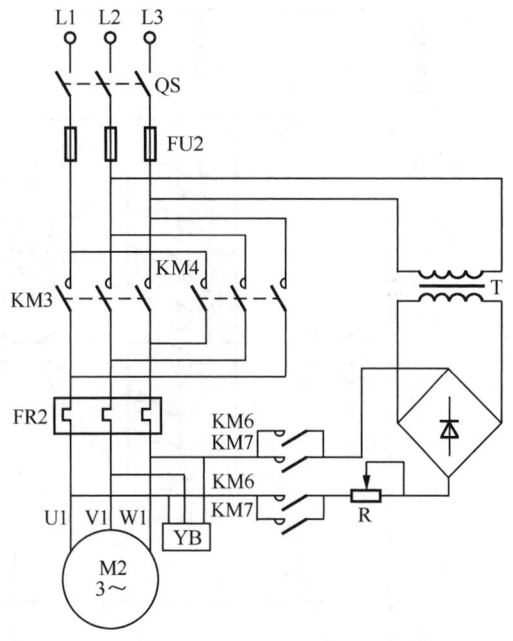

图6-6　小车上下运动的主电路

3. 设计控制电路

根据系统要求，设计的控制电路如图 6-7 所示。

线路原理分析由学生自主完成。

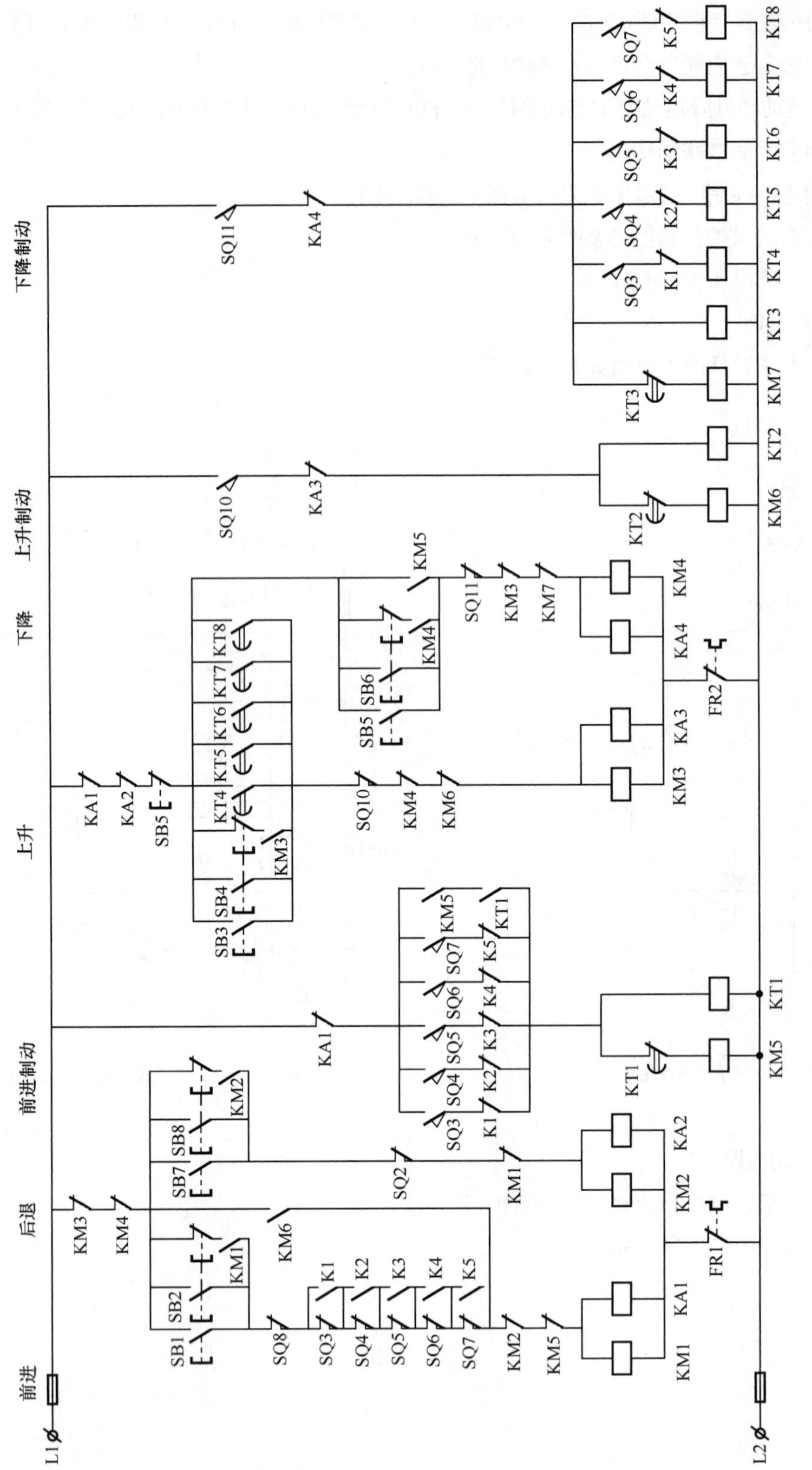

图6-7 电镀生产线控制线路

四、液压知识

在工业生产中，经常可以看到由轴、皮带、齿轮等零件组成机械传动装置，如带传动、链传动、齿轮传动、蜗杆传动、螺旋传动等。液压传动是和机械传动有原则区别的一种传动装置。它的特点以液体——油为传动件。机床上采用液压传动的目的是保证在工作过程中能够方便地实现无级调速，实现频繁地换向和自动化。当前液压技术正向着高压、高速、大功率、高效、低噪声、经久耐用、高度集成化的方向发展，随着原子能、空间技术、计算机技术的发展，液压技术必将更加广泛地应于各个工业领域。

1. 液压系统的组成

（1）动力元件——液压泵。其作用是将原动机的机械能转换成液体的压力能，是一种能量转换装置。常用的有齿轮泵、叶片泵、柱塞泵等 3 种类型。

（2）执行机构——液压缸或液压马达。其作用是将液压泵输出的液体压力能转换成工作部件运动的机械能，带动机床运动，也是一种能量转换装置。常用的是活塞式油缸。

（3）控制部分——各种液压阀。其作用是控制和调节油液的压力、流量及流动方向，以满足液压系统的工作需要。

控制压力的元件称为压力控制阀，在液压系统中是用来控制压力的。它是依靠液压压力和弹簧力平衡的原理进行控制的。压力阀有溢流阀、减压阀、顺序阀和压力继电器等。

控制流量的元件称为流量控制阀，是靠改变工作开口的大小和过流通道的长短来控制通过阀的流量，从而调节执行机构运动速度的液压元件。流量控制阀有节流阀、调速阀和比例阀。

控制油流方向的元件称为方向控制阀，用于控制液压系统中油流方向和经由通路，以改变执行机构的运动方向和工作顺序。方向控制阀主要有单向阀和换向阀两大类。

（4）辅助装置。辅助装置有油箱、油管、滤油器、蓄能器、压力表等。

（5）工作介质。一般采用液压油（通常为矿物油），其作用是传递能量。

2. 液压传动的特点

（1）功率密度（即单位体积所具有的功率）大，结构紧凑，体积小，质量轻。

（2）运动平稳可靠，能无级调速，调速范围大。

（3）能自动防止过载，实现安全保护。

（4）机件在油中工作，有自动润滑及散热作用，使用寿命较长。

（5）操作方便、省力，容易实现自动化。

（6）反应快、冲击小，能高速启动、制动和换向。

（7）液压元件易于实现标准化、系列化和通用化，有利于生产与设计。

但液压传动也有其不足，如液压传动效率低、转速比不如机械传动准确、工作时受温度影响大、制造精度要求较高、成本较高等。

3. 常用液压系统图形符号

（1）液压泵。其作用是提供一定流量、压力的液压能源。它通过密封容积的变化来实现吸油和压油。从能量转换的观点来看，液压泵是将电动机（原动机）输出的机械能转变为液压能的一种能

量转换装置。液压泵的符号如图6-8所示。

（2）液压控制阀

① 止回阀。其作用是只允许油液往一个方向流动，不可倒流，其符号如图6-9所示。

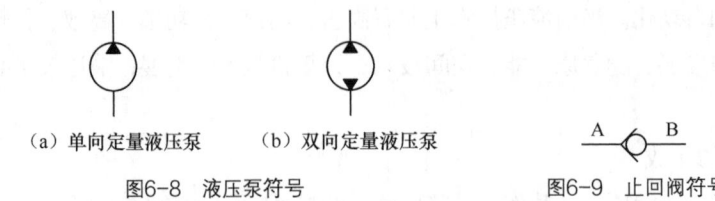

（a）单向定量液压泵　　（b）双向定量液压泵

图6-8　液压泵符号　　　　　　　　　　图6-9　止回阀符号

② 换向阀。其作用是利用阀心和阀体间相对位置的改变，来变换油流的方向，接通或关闭油路，从而控制执行元件的换向、启动或停止。换向阀有二位二通、二位三通、二位四通、二位五通、三位四通、三位五通等类型，图形符号见表6-1。

表 6-1　　　　　　　　　　　　　　常见换向阀的图形符号

名称	符号	名称	符号
二位二通	A P	二位五通	A B T_1 P T_2
二位三通	A B P	三位四通	A B P T
二位四通	A B P T	三位五通	A B T_1 P T_2

换向阀的位数用方格（一般为正方格，五通用长方格）数表示，二格即二位，三格即三位。在一个方格内，箭头或封闭符号"⊥"与方格的交点数为油口通路数，即"通"数。箭头表示两油口连通，但不表示流向；"⊤"表示该油口不通流。

控制机构和复位弹簧的符号画在主体的任意位置上（通常位于一边或中间）。

P表示进油口，T表示通油箱的回油口，A和B表示连接其他两个工作接油口。

三位阀的中格，二位阀画有弹簧的一格为常态位。常态位应画出外部连接油口。

三位阀常态位各油口的连通方式称为中位机能。中位机能不同，阀在中位时对系统的控制性能也不相同。三位四通换向阀常见的中位机能形式主要有"O"形、"H"形、"Y"形、"P"形、"M"形，其类形、符号及其特点见表6-2。

表 6-2 三位四通换向阀的中位机能

机能形式	符号	中位油口状况、特点及应用
O 形		P、A、B、T 4 个油口全部封闭，液压缸闭锁，液压泵不卸荷
H 形		P、A、B、T4 油口全部串通，液压缸活塞处于浮动状态，液压泵卸荷
Y 形		P 油口封闭，A、B、T3 油口相通，液压缸活塞浮动，液压泵不卸荷
P 形		P、A、B 3 油口相通，T 油口封闭，液压泵与两腔相通，可组成差动连接
M 形		P、T 相通，A、B 封闭，液压缸闭锁，液压泵卸荷

③ 电磁换向阀。这是利用电磁铁吸力操纵阀心换位的方向控制阀，其符号如图 6-10 所示。

（3）溢流阀。溢流阀起溢流和稳压的作用，能够控制和调整液压系统的压力，以保证系统在一定的压力或安全压力下工作，其符号图 6-11 所示。

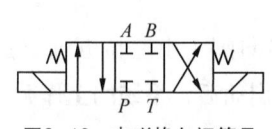

图6-10 电磁换向阀符号

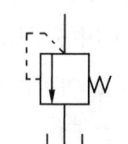

图6-11 溢流阀符号

（4）减压阀。减压阀可以用来降低系统中某部分的压力，获得比液压泵的供油压力低而且稳定的工作压力，其符号如图 6-12 所示。

（5）压力继电器。压力继电器能够利用液压系统中的压力变化来控制电路的通断，从而将液压信号转变为电气信号，以实现系统的程序控制或安全控制，其符号如图 6-13 所示。

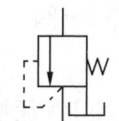

图6-12 减压阀符号

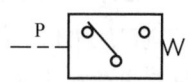

图6-13 压力继电器符号

（6）节流阀。节流阀用于调节液压系统中的液体流量，其符号如图 6-14 所示。

（7）调速阀。调速阀可以使节流阀前后的压力差保持不变，使执行机构的运动速度得到稳定，其符号如图 6-15 所示。

图6-14 节流阀符号

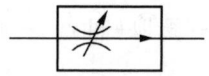

图6-15 调速阀符号

五、YT4543 型液压滑合的液压系统

（一）设备的工作特点

液压滑台是组合机床的重要通用部件。在滑台上可以配置各种工艺头和动力箱，借滑台的移动实现进给运动。滑台两侧装有液压挡铁和电气挡铁，分别控制行程阀和电气开关。此外还装有死挡铁。

图 6-16 所示为 YT4543 型液压滑台的液压系统。根据组合机床的工艺要求，它可以实现的典型工作循环是：快进——第一次工进——第二次工进——死挡铁停留——快退——原位停止。为实现上述工作循环，要求本液压系统中的执行元件（与滑台固连的液压缸⑭的活塞）能完成下述动作：高速向右移动一段规定距离（低压）——低速向右移动一段规定距离（高压）——更低速向右移动一段距离（更高压），直到工作台碰到固定的死挡铁——高速向左退回至起始位置，然后停止。由于速度取决于流量，故本系统中采用 YBN 型限压式变量叶片泵①，通过油路的差动连接或与调速阀⑥和⑦相配合，组成容积节流调速回路，实现进口节流调速，以得到各种不同的速度，并使工进平稳。

（二）系统的工作原理

在图 6-16 中，主油路（工作油路）用实线表示，控制油路用虚线表示。各元件如图 6-16 所示，其作用在工作过程介绍中分别说明。

图中所示为系统启动前的原始位置。此时电磁换向阀（由三位五通电磁阀②和三位五通液动阀③组合而成）处于中位，油路封闭，滑台静止。 启动后，系统的工作循环过程如下。

1. 快进

按下启动按钮，电磁铁 1DT 通电，阀②的左位接入油路，此时油流的方向具体如下。

控制油路：泵①→油路 1′→阀②→油路 2′→阀③左侧（③的阀芯右移，其左位接入主油路）；

主油路

进油：泵①→单向阀⑬→油路 1→阀③→油路 2→二位二通行程阀⑩→油路 3→液压缸无杆腔；

回油：液压缸有杆腔→油路 4→阀③→油路 5→单向阀⑫→油路 2→阀⑩→油路 3→液压缸无杆腔。此时外控顺序阀④的进口压力低，阀口关闭。

可见快进时，液压缸形成差动连接，又因此时负荷小，变量泵处于大流量输油状态，故活塞杆带动滑台向右快速前进。

2. 第一次工进

快进终了时，滑台上的液压挡铁压下行程阀⑩的阀心，切断快进油路，系统压力因负载的增大而升高。此时油流的方向具体如下。

控制油路：泵①→阀⑬→油路 3′→外控顺序阀④（阀④因系统压力升高而被打开，接入主油路）；

主油路进油：泵①→阀⑬→油路 1→阀③→油路 2→调速阀⑥→二位二通电磁阀⑧→油路 3→液压缸无杆腔；

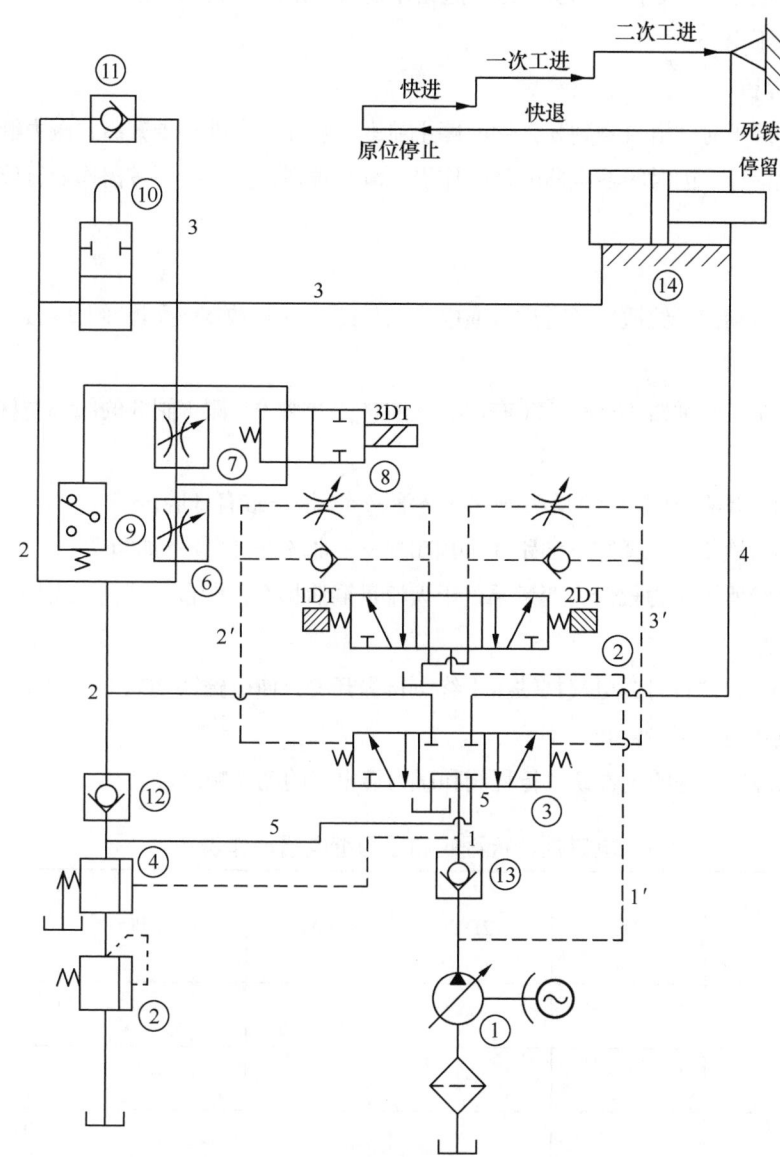

图6-16　YT4543型液压滑台的液压系统

① YBN型号限压式变量叶片泵　②、③三位五通电磁阀　④ 外控顺序阀　⑤ 溢流阀
⑥、⑦调速阀　⑧ 二位二通电磁阀　⑨ 压力继电器　⑩ 二位二通行程阀　⑪～⑬ 单向阀　⑭ 液压缸

主电路回油：液压缸有杆腔→油路4→阀③→油路5→阀④→溢流阀⑤→油箱。此时外控顺序阀④的进口压力高，阀口打开。溢流阀⑤用来调定系统中的背压，使运动平稳。

工进时系统压力升高，变量泵输油量自动减小，与调速阀⑥调节。

3. 第二次工进

第一次工进终了时，电气挡铁压下行程开关（图中未绘出），使电磁铁3DT通电，阀⑧右边接入油路，切断了与调速阀⑦的并联通路。此时压力油经阀⑥和阀⑦这两个调速阀进入液压缸无杆腔，

滑台以更低的速度继续向右作第二次工进，进给量的大小由阀⑦调节。根据机床的工艺要求，有时第二次工进可以不用。

4. 死挡铁停留

第二次工进终了时，滑台碰到死挡铁而停止前进，系统压力进一步升高，压力继电器⑨向时间继电器发出快退信号。因时间继电器的延时作用，滑台碰到死挡铁后可按需作短暂停留，以保证加工精度。

5. 快退

时间继电器接到信号经适当延时后接通电路，使1DT断电、2DT通电，阀②右边接入控制油路。此时油流的方向具体如下。

控制油路：泵①→油路1′→阀②（右位）→油路③→阀③右侧（阀③的阀心左移，其右位接入主油路）；

主油路进油：泵①→阀⑬→油路1→阀③→油路4→液压缸有杆腔；

主油路回油：液压缸无杆腔→油路3→单向阀⑪→油路2→阀③→油箱。

快退时，系统所需压力较低，变量泵处于大流量输油状态，滑台快速向左退回。

6. 原位停止

当滑台退到原始位置时，电气挡铁压下终点行程开关，使电磁铁2DT断电（1DT已断电），阀②和③相继回到中位，滑台停止运动。

表6-3为该液压系统的电磁铁、行程阀和压力继电器的动作顺序表。

表6-3　　　　　　　　　　电磁铁、行程阀和压力继电器动作表

动作元件 工作环节	1DT	2DT	3DT	行程阀	压力继电器
快进	+	−	−	−	−
第一次工进	+	−	−	+	−
第二次工进	+	−	+	+	−
死挡铁停留	+	−	+	+	+
快退	−	+	+	+、−	−
原位停止	−	−	−	−	−

六、C5112B 立式车床

C5112B立式车床工作台直径为1120mm，是机械加工的主要设备，适用于加工直径大，长度短的工件。由于立式车床的结构复杂，因此都采用多电动机拖动。

（一）结构与运动形式

1. 结构

主要部件有圆形工作台、床身、立柱、横梁和刀架。圆形工作台在立柱中间，围绕着垂直轴心旋转。工作台与床身之间有圆形导轨，以固定工作台的位置和承受工作台及工件的巨大重量。立柱上装有横梁，横梁可以沿立柱上下移动，在机床加工时，横梁必须夹紧在立柱上。横梁上装有一个垂直刀架，刀架能沿着横梁左右快速移动和进给移动。刀架上装有滑枕，滑枕可以使刀架上下快速移动和进给移动。立柱上还装有侧刀架，侧刀架也可实现上、下、左、右快速移动和进给移动。垂直刀架和侧刀架的移动除进给电动机、快速电动机外，还应用了电磁离合器。电气设备的操纵，设有移动的悬挂操纵箱，上面装有各种开关和操作按钮。其外形如图 6-17 所示。

2. 运动形式

① 主运动。主轴带动圆形工作台的旋转运动。

② 进给运动。刀架的位移运动。

③ 辅助运动。横梁的升降运动，刀架的快速移动。

（二）电路工作原理分析

1. 主电路分析

主电路如图 6-18 所示，共有下述 7 台电动机。

图6-17　C5112B立式车床外形图

M1：液压泵电动机（1.5kW）为工作台变速、横梁升降机构放松、给润滑系统提供润滑油用电动机。油泵的启停由接触器 KM1 控制，熔断器 FU1 为短路保护，FR1 为过载保护，用接触器 KM1 作欠压失压保护。

M2：工作台电动机（22kW），采用 Y-△降压方式启动。工作台的启停与制动由接触器 KM2、KM3、KM4、KM5 控制，电路采用能耗制动，由桥式整流 VC1 输出直流 24V 控制，总电源开关 QF 对 M2 短路保护，FR2 为过载保护，用接触器 KM2 作欠压失压保护。

M3：立刀架快速电动机（1.5kW），控制刀架快速移动。立刀架快速电动机的启停由接触器 KM6 控制，KM10、KM11 控制正反转，熔断器 FU2 为短路保护。

M4：立直刀架进给电动机，控制刀架进给运动。该电动机采用双速电动机，1.3/1.8kW。立刀架进给电动机的启停由接触器控制，KM7 为低速用接触器，KM8、MK9 为高速用接触器熔断器，KM10、KM11 控制正反转，FU2 为短路保护，FR3 为过载保护，用接触器 KM10、KM11 作欠压失压保护。

M5：侧刀架快速电动机（1.5kW），刀架快速移动。侧刀架快速电动机的启停由接触器 KM12 控制，KM16、KM17 控制正反转，熔断器 FU3 为短路保护。

M6：侧刀架进给电动机，控制刀架进给运动，采用双速电动机，1.3/1.8kW。侧刀架进给电动机的启停由接触器控制，KM13 为低速用接触器，KM14、MK15 为高速用接触器熔断器，KM16、KM17 控制正反转，FU3 为短路保护，FR5 为过载保护，用接触器 KM16、KM17 作欠压失压保护。

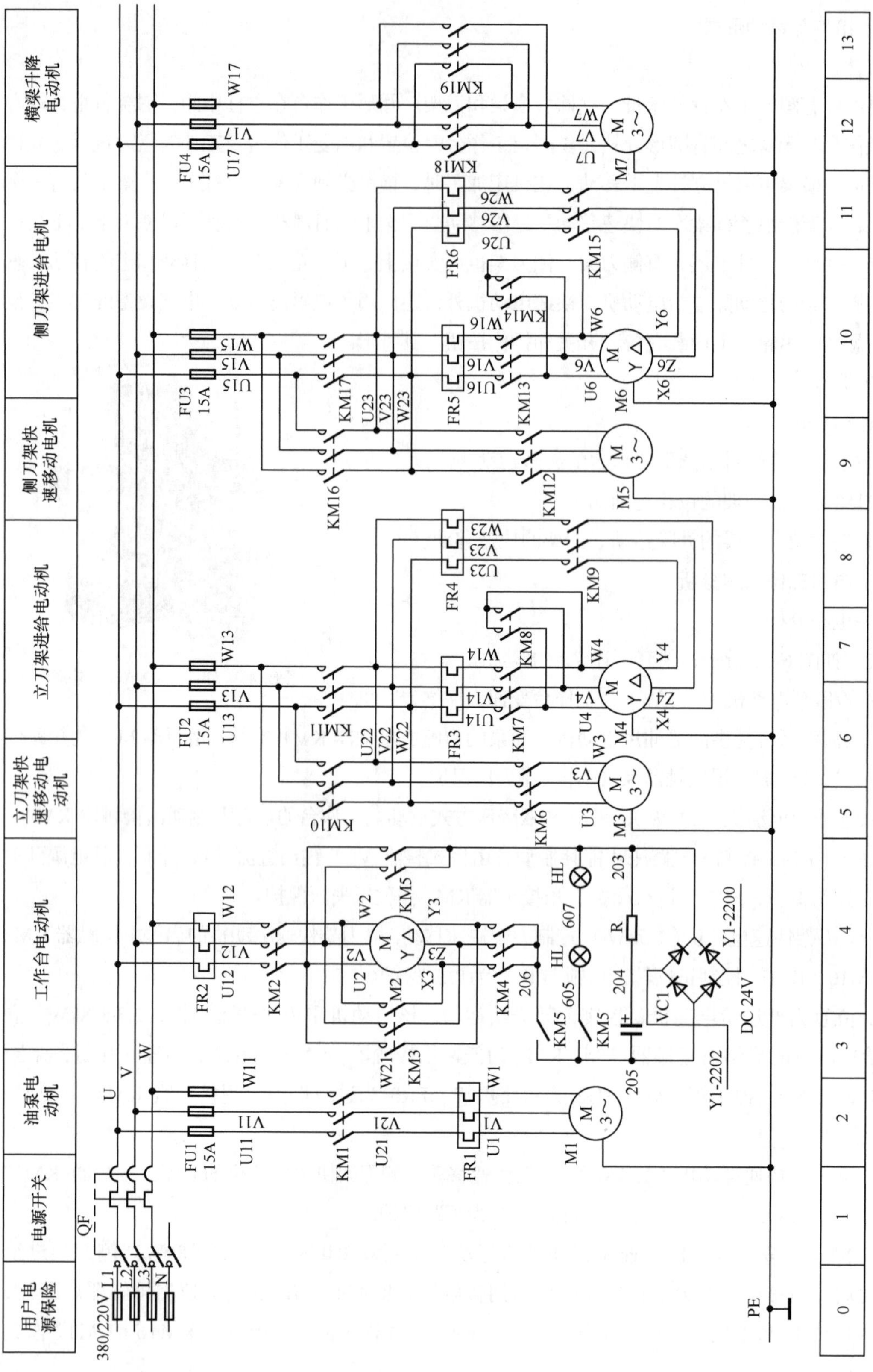

图6-18 立式车床的主电路

M7：横梁升降电动机（1.5kW），用于横梁升降控制。横梁升降的启停由接触器 KM18、KM19 控制，熔断器 FU4 为短路保护。

2. 控制电路分析

控制电路（如图 6-19 所示）由控制变压器 TC 输出 110V 供电，直流回路供电电压有两组，一组为 24V，一组为 27V，由二极管组成桥式整流获得。24V 供能耗制动电路，27V 供电磁离合器电路，直接从电源取 220V 交流电压供电磁阀电路。

（1）电路工作准备状态。合上总开关 QF1，接通变压器 TC，信号灯"HL"亮，此时若按下油泵启动按钮 SB2，接触器 KM1 线圈得电并自锁，同时接通了整个控制回路，KM1 主触点闭合，油泵电动机 M1 启动。此环节保证了机床必须在有润滑的前提下工作，按下停止按钮 SB1，油泵电机 M1 停止，同时切断了控制回路，SB1 又兼起对主轴能耗制动及机床总停作用。

（2）工作台的启动、停止与制动。因交流电动机 M2 容量较大，因此采用了 Y-△ 启动方法。为减小停车时的惯性，电动机 M2 采用了能耗制动。

按下工作台启动按钮 SB4，继电器 KA1 接通并自锁，另一常开触点接通接触器 KM2，KM2 辅助常开触点接通接触器 KM4，工作台电动机 M2 在 Y 形接线状态下降压启动。由于时间继电器 KT1 同中间继电器 KA1 一起吸合，因此经一定延时时间（3～5s）后，其延时动断触点 KA1 切断接触 KM4，并接通接触器 KM3，使电动机进入△接线状态下运转。

停车时，只需轻按下按钮 SB3，使其常闭点断开，则继电器 KA1 和接触器 KM2、KM3 相继断电复位，电动机 M2 断电，处于自然停车状态。若将 SB3 按到底，使其常开触点闭合，则时间继电器 KT2 得电，经一定延时（2s）后，其延时闭合常开触点闭合，接通制动接触器 KM5，其常开主触点闭合，送入直流电流进行能耗制动，松开按钮 SB3 制动便解除，调整时间继电器 KT2 的延时时间，就可以调整制动的快慢。

（3）工作台的点动。按下按钮 SB5，接通接触器 KM2，并随之将接触器 KM4 接通，使电动机 M2 在 Y 形接线状态下运转，松开按钮 SB5，电动机 M2 即停。

（4）工作台的变速。如要改变工作台的旋转速度，须先将变速转盘旋转到所需的转速位置上，然后按下变速按钮 SB6，使时间继电器 KT4 线圈得电吸合，KT4 的常开触点（U8-101）瞬时闭合，电磁阀 YV1 通电吸合，接通油路。一方面抬起定位锁杆，借液压驱动油缸变速；另一方面锁杆运动，使装于锁杆端的变速开关 SQ1 被压动作，其常闭触点（4-6）断开，切断主轴回路，常开触点（4-24）闭合，时间继电器 KT4 自锁，KT4 延时 3s 后常开触点（24-25）闭合，时间继电器 KT3 线圈得电，其瞬时闭合常开触点（4-12）闭合，接触器 KM2 和 KM4 线圈相继得电，电动机 M2 在 Y 形接线下伺服运转，KT3 延时 0.5s 后，其常闭触点（24-26）断开，时间继电器 KT4 断电，KT4 延时闭合常开触点瞬时断开，又切断时间继电器 KT3 回路，一个伺服过程结束。若能变速，则行程开关 SQ1 复位，变速过程结束。反之，SQ1 被压，没有复位，由于 KT3 动断触点复位，KT4 又得电，重复上述变速过程。在整个变速过程式中，信号灯 HL3 亮，变速完成后，HL3 熄灭。一般不超过 4 次伺服即可完成工作台变速。

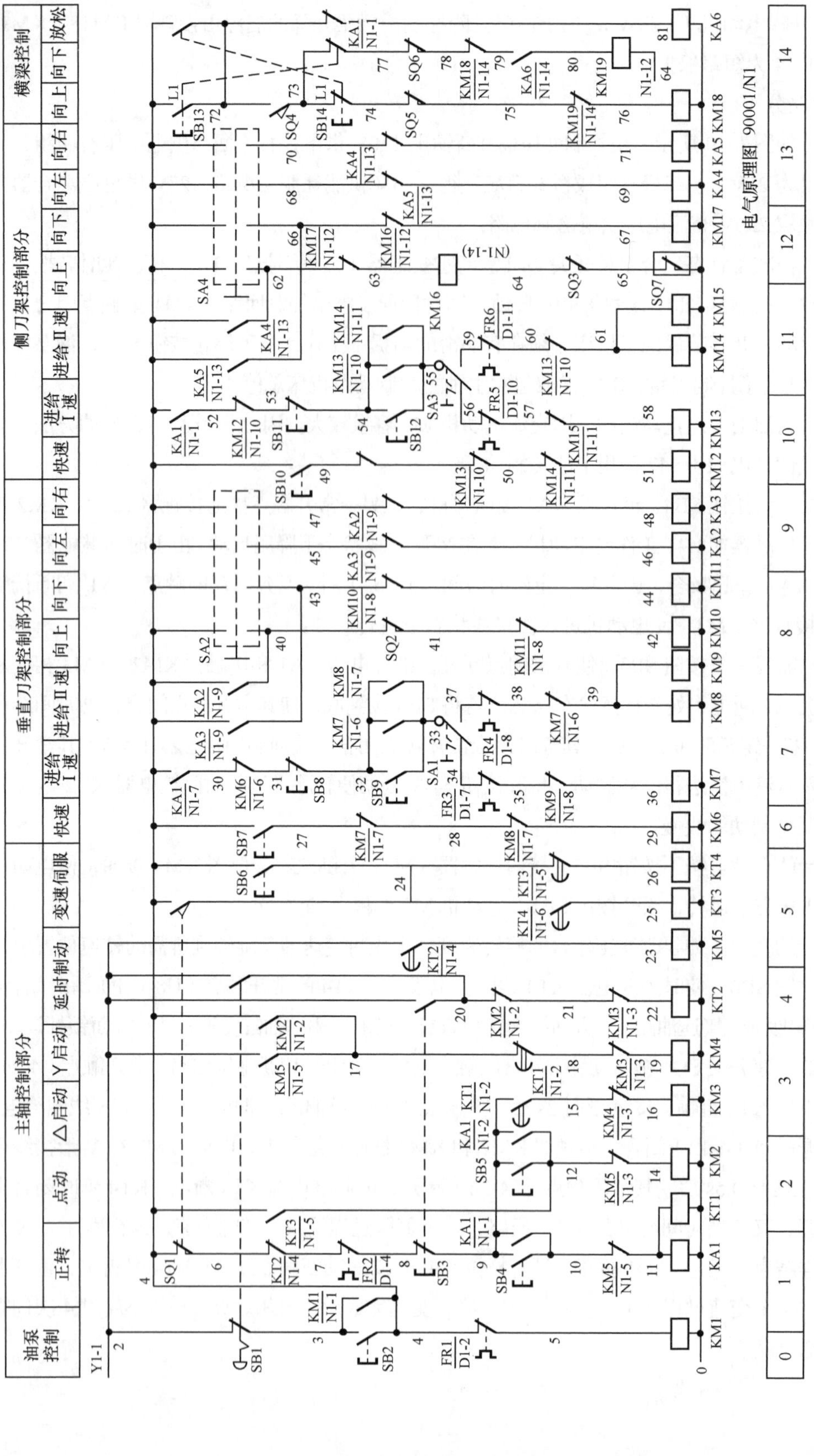

图6-19　立式车床控制电路

（5）横梁运动。按下按钮 SB13 或者 SB14，继电器 KA6 接通，其常开触点（U8-103）闭合，使电磁阀 YV2 吸合，接通油路，放松装置放松。放松完成后，位置开关 SQ4（72-73）被压闭合，接触 KM18 或 KM19 接通，使电动机 M7 得电运转，带动横梁作上升或下降运动，松开按钮即停，电磁阀 YV2 断电，位置开关 SQ4 复位，放松装置将横梁夹紧。横梁上下设有限位开关 SQ5、SQ6，向下还经过 64 号线到侧刀架与横梁之间的 SQ3 限位开关相撞。

（6）刀架运动（垂直刀架，侧刀架）。十字开关 SA2 为垂直刀架用开关，十字开关 SA4 为侧刀架用开关。现以垂直刀架为例分析快速和进给运动工作情况。

① 快速移动。

a. 向左快速。将十字开关 SA2 扳向左，其触点（4-45）闭合，继电器 KA2 得电，其常开触点（4-40）、（404-411）分别接通了接触器 KM10 和水平运动电磁离合器 YC5，然后按下按钮 SB7，接触器 KM6 得电，KM6 主触点闭合，快速电动机 M3 运转，立刀架向左快速移动，松开按钮 SB7，快速电动机 M3 停止运转。

b. 向右快速。将十字开关 SA2 扳向右，其触点（4-47）闭合，继电器 KA3 得电，其常开触点（4-43）、（404-411）分别接通了接触器 KM11 和水平运动电磁离合器 YC5，然后按下按钮 SB7，接触器 KM6 得电，KM6 主触点闭合，快速电动机 M3 运转，立刀架向右快速移动，松开按钮 SB7，快速电动机 M3 停止运转。

c. 向上、向下快速将。十字开关 SA2 扳向上或向下，接触器 KM10 或 KM11 得电，KM10 或 KM11 常开辅助触点（404-407）闭合，垂直运动电磁离合器 YC2 得电，然后按下按钮 SB7，接触器 KM6 得电，KM6 主触点闭合，快速电动机 M3 运转，立刀架向上或向下快速移动，松开按钮 SB7，快速电动机 M3 停止运转。

② 进给运动。

a. 向左进给。将十字开关 SA2 扳到左边位置，手动、制动开关 SA5 扳到接通位置。SA2 常开触点（4-45）闭合，继电器 KA2 得电，KA2 的常开触点（4-40）、（404-411）闭合，分别接通了接触器 KM10 和水平运动电磁离合器 YC5。由于 SA5 接通，使垂直制动电磁离合器 YC4 得电，根据工件加工情况，将电动机运转方式开关 SA1 扳到"Ⅰ"或"Ⅱ"位置，当扳到"Ⅰ"位置时，按下按钮 SB9，接触器 KM7 得电，KM7 的常开辅助触点（404-406）闭合，进给电磁离合器 YC1 得电，主触点闭合进给电动机 M4 在大△ 接法下作低速运转，刀架向左进给。按下按钮 SB8，接触器 KM7 断电，KM7 主触点断开，电动机 M4 停止运转，KM7 常开辅助触点断开，电磁离合器 YC1 断电。将 SA1 扳到"Ⅱ"位置，按下按钮 SB9，接触器 KM8、KM9 得电，KM8 的常开辅助触点（404-406）闭合，进给电磁离合器 YC1 得电，进给电动机 M4 在双星形接法下高速运行。按下按钮 SB8，接触器 KM8、KM9 断电，KM8、KM9 主触点断开，电动机 M4 停止运转，KM8 常开辅助点断开，电磁离合器 YC1 断电。

b. 向右进给。向右进给同学自行分析。

c. 向上、向下进给。将十字开关 SA2 扳到向上或向下，SA2 直接控制接触器 KM10 或 KM11，使垂直运动电磁离合器 YC2 得电，水平制动电磁离合器 YC3 也得电，然后按下 SB9，操作 SA1，

即可实现 I 速或 II 速的向上、向下进给。

SA5、SA6 是垂直和水平制动电磁离合器接通开关，工作时应将开关合上，手动调整时应将开关处于断开位置。

十字开关换向操作时，不可直接由一个方向扳到另一方向，必须回到零位后，再倒向另一方向。

3. 照明和工作指示电路

由控制变压器 TC 提供 24V 安全电压给手提式工作照明灯，6V 给电源指示灯 HL1、油泵工作指示灯 HL2、变速指示灯 HL3。

4. 电源

电源总开关 QF1 设有必备的机械联锁机构，机床不使用时，可以锁住电源开关，若要打开配电箱门，则只能在切断电源时方能打开。

本项目介绍了机床电气设备日常维护保养工作的主要内容和要求，以及机床常见故障排除的方法。测量法是维修时确定故障点的常用方法，常用的测试仪表有电笔、万用表、钳形电流表、兆欧表等，主要通过对电路进行带电或断电时有关参数（电压、电流、电阻等）的测量，来判断电器元件的好坏、设备绝缘设备情况以及线路通断情况。常用的测量法有电阻测量法（电阻分阶测量法、电阻分段测量法）、电压测量法（电压分阶测量法、电压分段测量法）和短接法（局部短接法、长短接法）等。本项目还重点讲述了电镀生产线的电气控制的综合设计，YT4543 型液压滑合的液压系统原理及工作特点及液压知识。最后详细讲述了 C5112B 立式车床的组成与运动规律及电气控制要求，并对其主电路和控制电路进行了电气原理分析。

1. 简述电动机的日常维护保养工作有哪些。

2. 分析图 6-7 电镀生产线线路工作原理。

3. 简述电压测量法，并用电压测量法检查电镀生产线的升降电动机只能上升不能下降的故障范围。

4. 设计的一个能够带能耗制动的 Y-△降压启动主电路图。

5. 画出二位四通、三位四电磁通换向阀和溢流阀符号。

6. 分析图 6-20 所示液压滑台的液压系统，根据系统要求写出电磁阀的动作顺序表。

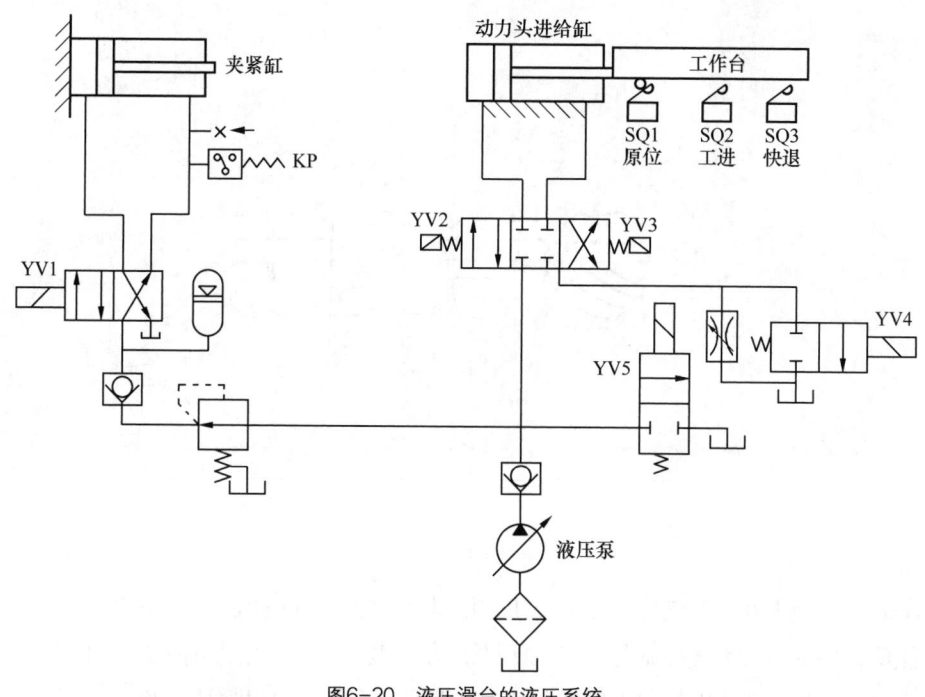

图6-20 液压滑台的液压系统

① 工件必须在夹紧状态下，压力继电器KP动作，动力滑台才能启动。

② 按下启动按钮，动力滑台在原位时能实现"快进→工进→暂停延时→快退→原位停止及液压泵卸荷"等工作程序。

7. C5112B立式车床横梁能上升但不能下降，试分析故障的原因。

8. C5112B立式车床工作台没有变速冲动，试分析故障的原因。

9. 试分析C5112B立式车床侧刀架没有快速向上或向下、向左、向右进给的故障原因。

参考文献

［1］华满香，刘小春. 电气控制与 PLC 应用. 北京：人民邮电出版社，2009.

［2］熊琦，周少华. 电气控制与 PLC 原理及应用. 北京：中国电力出版社，2008.

［3］李益民，刘小春. 电机与电气控制技术. 北京：高等教育出版社，2006.

［4］赵承荻，姚和芳. 电机与电气控制技术. 北京：高等教育出版社，2005.

［5］华满香. 电气控制及 PLC 应用. 北京：北京大学出版社，2009.

［6］熊幸明. 机床电路原理与维修. 北京：人民邮电出版社，2001.

［7］杨利军，熊异. 电工技能训练. 北京：机械工业出版社，2010.

［8］胡晓朋. 电气控制及 PLC. 北京：机械工业出版社，2007.

［9］张桂朋. 电气控制及 PLC. 北京：机械工业出版社，2007.

［10］张桂香. 电气控制及 PLC 应用. 北京：化学工业出版社，2003.